AF386128

FSC
www.fsc.org
MIX
Papier aus ver-
antwortungsvollen
Quellen
Paper from
responsible sources
FSC® C105338

Dr. Bahram Bahrami

Grosse Irrtümer
der
Astronomie und Physik

2. überarbeitete Auflage

Der Autor, Dr. Bahram Bahrami, hat Medizin und Physik studiert und ist Facharzt für innere Medizin . Er beschäftigt sich mit der theoretischen Forschung der Naturwissenschaften mit dem Schwerpunkt Astronomie Physik und Medizin, hat viele Entdeckungen gemacht, zahlreiche bahnbrechende Theorien entwickelt und bereits mehrere Bücher publiziert.

Die Prinzipien der Natur sind   meist sehr einfach. Die Einfachheit ist jedoch so groß , daß sie zu durchschauen äußerst schwer sein kann.

Dr. B. Bahrami

Für die freundliche Überlassung der Bilder möchte ich mich
bei Nasa-Hubble und PixelQuelle.de bzw. Pixelio.de
bedanken .

Dieses Buch wird meiner lieben Frau Gerda gewidmet.

Inhaltsverzeichnis

Einleitung

Dieses Buch wendet sich nicht nur an Fachleute, sondern auch an das breite interessierte Publikum . Deswegen wurde bewußt versucht , so weit wie möglich , die Thematik durch einen relativ einfachen und gut verständlichen Text, durch Abbildungen, Graphiken und Zeichnungen auch für interessierte Laien verständlich und zugänglich zu machen.

Es gibt in fast jedem Gebiet der Wissenschaften Irrtümer, die irgendwann sich eingeschlichen haben und keinem aufgefallen sind.
Es ist sehr wichtig, daß sie möglichst schnell entdeckt und korrigiert werden, da sie sonst verheerende Folgen für die Wissenschaft haben und sie massiv zurückwerfen können .

Exakt das ist bei der Physik und Astronomie bereits geschehen und u.a. dazu geführt, daß sie sich in seit Jahren in einer Sackgasse befinden und nicht voran kommen.

Deswegen werden in diesem Buch einige große Irrtümer der Physik und Astronomie aufgedeckt , und zwar nicht nur das. Sie

werden korrigiert und dadurch gleichzeitig diese Fächer stark modernisiert.

Es werden ferner viele Rätsel gelöst, sowie viele Phänomene erklärt, die bisher unerklärbar, unverständlich oder völlig rätselhaft waren . Der Autor setzt sich außerdem mit diesen Phänomenen kritisch auseinander und versucht sie zu begründen und auch für die Laien verständlich zu machen.

Sie finden in diesem Buch ferner einige interessante Theorien von mir , über einige Phänomene , die bisher ebenfalls rätselhaft waren ,und zwar in äußerst logischer, und soweit möglich ebenfalls in allgemein verständlicher Form.

Ich kann Ihnen an dieser Stelle schon soviel verraten, daß die in diesem Buch abgehandelten äußerst faszinierenden Phänomene und deren Erklärungen jeden von uns beeindrucken und faszinieren werden.

Es wurde   bewußt versucht, **auf jeglichen unnötigen Ballast und jede Umschweife zu verzichten** , um das Buch möglichst kompakt und übersichtlich zu halten, und ferner um viel Platz zu lassen für eigene Phantasien der Leser.

Dieses Buch unterscheidet sich im übrigen in vielerlei Hinsicht von vielen anderen Büchern, die nur bekannte Tatsachen und Erkenntnisse wiedergeben bzw. wiederholen, und die Sachen beschreiben, ohne eine

Begründung dafür zu geben bzw. sich damit kritisch auseinanderzusetzen, und ist aus diesem Grunde weniger reproduktiv, sondern insbesondere völlig innovativ, kreativ und schöpferisch ,und erschließt deswegen sehr viel Neuland .

Mehr möchte ich Ihnen an dieser Stelle nicht verraten, vielmehr es Ihnen selbst überlassen die Faszinationen dieses Buches bei der Lektüre selbst zu entdecken .

Dr. B. Bahrami

Kapitel 1

Einführung in die Thematik

Wie schon in der Einleitung darauf hingewiesen gibt es in fast jedem Gebiet der Wissenschaften Irrtümer, die sich irgendwann eingeschlichen haben und keinem aufgefallen sind, obwohl tausende Wissenschaftler sich damit beschäftigt haben .

Solche Irrtümer können teilweise sehr lange Zeit , ja sogar Jahrzehnte und Jahrhunderte lang , bestehen bleiben bis sie irgendwann von jemandem bemerkt bzw. entdeckt und richtig gestellt werden .

Irren ist ja schließlich menschlich und keiner kann sich davon frei sprechen .

Doch die Folgen solcher Irrtümer können verheerend sein und die Wissenschaft längere Zeit zurückwerfen , insbesondere weil daraus falsche Schlußfolgerungen gezogen werden und ferner weil viele spätere Feststellungen ebenfalls auf solchen Irrtümer aufbauen und somit ebenfalls falsch sind .

Deswegen ist sehr wichtig, solche Fehler so schnell wie möglich zu entdecken und richtig zu stellen .

Insbesondere auf den Gebieten Physik und Astronomie haben sich zahlreiche gravierende Fehler eingeschlichen mit verheerenden Folgen für die Wissenschaft.

Diese Fehler und Irrtümer haben u.a. zusammen mit einigen Theorien , die teilweise darauf beruhen , wie die Urknalltheorie, deren Unrichtigkeit mittlerweile zum Himmel schreit ,bereits dazu geführt , daß die Physik und Astronomie deswegen seit Jahren in grundsätzlichen Dingen nicht mehr voran kommen und befinden sich praktisch deswegen in einer Sackgasse.

Die Geschichte von Ptolemäus scheint sich zu wiederholen.

Es ist deswegen höchste Zeit für die Aufdeckung und Korrektur dieser zahlreichen Irrtümer , sowie für einen frischen Wind, für eine neue Denkrichtung und für größere bahnbrechende Theorien und Entdeckungen, die die Astronomie und Physik insgesamt ein erhebliches Stück nach vorne bringen würden.

Es ist gut , Irrtümer zu entdecken , noch besser ist es aber die Irrtümer richtig zu stellen und zu zeigen , wie Korrekturen aussehen können .

Dieses Buch ist deswegen nicht destruktiv , sondern durchaus konstruktiv, wie Sie selbst im Laufe der Lektüre diese Buches feststellen werden .

Ich werde in diesem Buch auch den Namen eines Astronomen erwähnen, der insofern den bisherigen Rekord hält, weil es sage und schreibe **ca. 1400 Jahre !! gedauert hat, bis sein Irrtum entdeckt und richtig gestellt wurde .** Er war keineswegs ein kleiner Astronom, sondern ganz im Gegenteil sogar einer der allergrößten Astronomen seiner Zeit , ein Hofastronom mit einem enorm hohen Ansehen .

Sie werden gleichzeitig **viele faszinierende Phänomene kennenlernen** und das Wesen unseres Universums besser verstehen können. Es wird ebenfalls gezeigt werden, ob unsere Verhältnisse und Maßstäbe auf unserer Erde Anspruch auf Gültigkeit haben für das ganze Universum bzw. ob sie übertragbar sind auf andere Gebiete des Universums .

Unsere heutige Physik ist praktisch eine Physik der Idealfälle und Sonderzustände , und hat somit nur ein sehr begrenztes Anwendungsgebiet. Auch die meisten physikalischen Formeln können nur **Idealfälle** berechnen und versagen total bei komplizierten Zuständen, die jedoch in der Natur sehr häufig anzutreffen sind bzw. fast die Regel sind.

Auch unsere heutige Astronomie steht nicht viel besser da. Z.B. die Urknalltheorie ist nicht richtig und hat mit der Realität wenig zu tun und auch die Relativitätstheorien von Einstein sind nachweislich nicht richtig.

Es wird Ihnen in diesem Buch u.a. auch gezeigt werden, wie wenig brauchbar und sinnvoll unsere physikalischen Formeln sind, daß die Relativitätstheorien von Einstein nicht richtig sind, daß die bisher berechneten Entfernungen der Sterne und die angenommenen Dimensionen des Universums nicht zutreffen und stark korrigiert werden müssen, daß das Newtonsche Gravitationsgesetz nicht richtig ist und wie es korrigiert werden muß, es wird die Verwirrung der Astronomie um die schwarzen Löcher beendet ,das Rätsel der komischen Hintergrundstrahlung gelöst, und es wird ausführlich erklärt, ob z.B. die Sterne , die wir am Himmel sehen, reell oder virtuell sind, d.h. ob sie tatsächlich da sind, wo wir sie sehen, und, und........

Unser ganzes Universum ist voller Geheimnisse und Rätsel.

Mehr will ich Ihnen an dieser Stelle nicht verraten und überlasse Ihnen selbst, durch die Lektüre dieses Buches die Faszinationen dieses Buches selbst zu entdecken.

Kapitel 2

Sind unsere physikalischen Formeln richtig und brauchbar?

Unschärfe bzw. keine exakte Bestimmbarkeit im Mikro- und auch im Makrokosmos?

Über den Sinn und Unsinn der physikalischen und mathematischen Formeln, und über den Unsinn der Berechnungen vieler astronomischen Vorgänge.

Wenn wir in ein Physikbuch hineinschauen , so werden wir sehen, daß dort es praktisch wimmelt von **Formeln.** Auch im Bereich der Astrophysik schaut es nicht viel anders aus . Die meisten Formeln werden wir aber erwartungsgemäß in einem Mathematikbuch finden.

Auch die Astronomie bedient sich zahlreicher Formeln. Diese Formeln sind selbstverständlich entwickelt worden, um z.B. verschiedene Zahlen, Werte, Zustände und Situationen in unserer Welt zu bestimmen , d.h. um

9

aufgrund einiger bekannten Werte bzw. Zahlen, unbekannte Werte zu berechnen, um z.B. Vorausberechnungen und Prognosen machen zu können.

Leider ist die Meinung weit verbreitet, daß durch die Formeln die Richtigkeit der verschiedenen Behauptungen , Theorien und Relationen in der Mathematik und Physik bewiesen werden können.

Wer sich mit der Entwicklung der Formeln beschäftigt hat, weiß, daß es sehr wohl möglich ist, für sehr viele Ereignisse und Vorgänge Formeln zu entwickeln . Diese Formeln können aber völlig willkürlich sein und **ohne jegliche Beweiskraft.**

Dieser Aspekt ist jedoch nicht der Gegenstand dieses Kapitels ,sondern die Tatsache ,**daß physikalische und viele mathematische Formeln entgegen der weit verbreiteten Meinung keine Allgemeingültigkeit , insbesondere für andere Orte oder andere Zeiträume zu haben brauchen.**

Schon die **Chaos-Gesetze** zeigen uns , daß viele Formeln ihre Gültigkeit verlieren können, für Orte, die nur wenige Zentimeter voneinander entfernt sind , oder bei anderen Zeiträumen.
Äußerst grotesk sind in diesem Zusammenhang die teuren Versuche , um experimentell die Richtigkeit bzw. die Unrichtigkeit der sogenannten **Urknalltheorie** zu beweisen . Meint man im Ernst , daß durch die heute durchgeführten Experimente und durch unsere Formeln die Richtigkeit bzw. die Unrichtigkeit der Vorgänge beweisen zu können, die **ca.15 Milliarden Jahre!!** zurückliegen und an einem Ort stattgefunden haben, **die Milliarden Lichtjahre !!** entfernt

sind? Ganz abgesehen davon, läßt sich die Unrichtigkeit der Urknalltheorie schon durch logisches Denken nachweisen (s. **mein Buch „ Das Geheimnis der Entstehung des Universums, meine DPNS-Theorie")** und bedarf überhaupt keinerlei Experimente und gar keine finanziellen Mittel.

Unsere physikalische Formeln können Ihre Gültigkeit verlieren, schon in einer Entfernung von wenigen Metern oder bei anderen Zeiträumen .

Soweit diese Formeln einen **Zeitfaktor** beinhalten , wird diese Ungenauigkeit noch größer, **da die Zeit schon auf unserer Erde sehr relativ ist** und von Ort zu Ort schneller oder langsamer laufen kann , sodaß z.B. eine Sekunde keine fest definierbare Größe mehr darstellt (s. **„Meine energetische Relativitätstheorie"** und **„Beweise für energetische Relativitätstheorie" in meinem Buch „Sind die Relativitätstheorien von Einstein richtig ?, Meine energetische Relativitätstheorie,,**) und Deswegen sind sie schon hier auf der Erde nicht allgemeingültig.

Wir wollen im Rahmen dieses Kapitels untersuchen, in wieweit diese zahlreichen Formeln richtig sind und verwendet werden können, und ob die dadurch ermittelten Werte zuverlässig und brauchbar sind.

Früher war man der Überzeugung, daß die aufgrund dieser Formeln errechneten Werte hundertprozentig richtig und hundertprozentig zuverlässig sind.

Seit der **Quantentheorie** wissen wir, daß im Bereiche des Mikrokosmos eine scharfe Positionsbestimmung nicht möglich ist. Sie ersetzt die scharfen Größen und Werte der klassischen Physik durch Wahrscheinlichkeitsformeln.

Diese Probleme sind langsam im Laufe der Jahre zutage getreten. Meilensteine sind hier die Entdeckung der Strahlungsgesetze des schwarzen Körpers durch Max Planck, die Deutung des photoelektrischen Effekts und die spezifische Wärme fester Körper durch Albert Einstein. Ferner haben sich hier verdient gemacht Niels Bohr, de Broglie , Schrödinger und Heisenberg, und haben die Grundlagen der Quantentheorie gelegt.

Nachfolgend möchte ich zeigen und dafür Beweis führen, daß unsere physikalischen und teilweise auch mathematischen Formeln nicht praktisch anwendbar, völlig naturfremd, teilweise nicht exakt und überhaupt nicht brauchbar sind:

1.   Unsere   Formeln   repräsentieren   nur Idealzustände und enthalten nur die Relationen zwischen 2 oder 3 bzw. sehr wenigen Größen , und vernachlässigen die anderen Größen bzw. berücksichtigen sie nicht . **Sonst wären sie viel zu kompliziert und wären nicht einmal unter dem Einsatz von größeren Computern rechenbar, während in der Natur Idealzustände sehr selten sind und zahlreiche Faktoren in Erscheinung treten, die das Ergebnis unserer Formeln oft stark beeinflußen bzw. unbrauchbar machen.**

Deswegen sind die Formeln auch aus diesem Grunde ungenau , nicht konform mit der Natur, und von vornherein von sehr begrenztem und dubiösem Wert.

Folgende Beispiele mögen dies deutlich machen:

1. Z.B. die meisten Physikalischen Formeln berücksichtigen das Phänomen **Reibung** nicht. Zugegeben ist die Reibung vielfach sehr gering, sodaß sie vernachlässigt werden kann, doch sie kann auch sehr groß sein, insbesondere wenn der Faktor Zeit sehr groß wird, wie dies z.B. bei den Geschehen im Universums häufig der Fall ist. **Dann kann das ganze Rechenergebnis total falsch sein**, zumal die Reibung nicht konstant zu sein braucht und stark und öfters unvorhersehbar variieren kann .

2. Die **Newtonschen Axiome** sind reine **Idealfälle, die im täglichen Leben und auch im Universum oft nur unpräzise angewendet werden können.**
Z.B. das 1. Axiom wird infrage gestellt, wenn sehr viel Zeit verstreicht, etwa in der Größenordnung von Jahren, mehreren hundert Jahren, tausend Jahren oder sogar Millionen oder Milliarden Jahren. In dieser Zeit können z.B. Verwesungs- oder Verwitterungsprozesse das Ergebnis stark beeinflussen , oder sogar zum Zerfall der Materie selbst führen.

3. Geschwindigkeitsproblem. Zum Beispiel wenn ein Auto vom Punkt A startet und mit einer konstanten Geschwindigkeit von 130 km/h zum Punkt B fährt, können wir durch die physikalische Formel

$$v = s\,/\,t$$

im voraus berechnen, wann es den Punkt B erreicht. Diese Formel beinhaltet aber nur die Faktoren **konstante Geschwindigkeit, Entfernung** und **Zeit** und kann somit nur diese Faktoren berücksichtigen. Viele Faktoren wie z.B. die**Reibung, evt. Seitenwinde,** die zu einer Schlängelung und somit zur **Distanzverlängerung** , oder zur **kurzfristigen Geschwindigkeitsreduzierungen** führen, oder Streckenverlängerungen durch mehrmaligen **Überholmanöver,** oder sogar **Zeitverlängerungen durch Staus** oder **Geschwindigkeitsbegrenzungen** durch evt. Baustellen werden in dieser Formel nicht berücksichtigt und sind teilweise auch nicht im einzelnen vorhersehbar. Diese Faktoren können aber das Ergebnis evt. erheblich beinträchtigen , **sodaß die Formel dadurch von praktischen Ergebnis erheblich abweicht und unbrauchbar wird.**

4. Auch unsere Geometrie und Mathematik arbeiten mit Idealzuständen. So gibt es in der Natur beispielsweise selten eine reine Kugelform, reine Quadrate und überhaupt reine geometrisch exakt definierte Körper. Genau so ist es im gesamten Universum . z.B. ist die Erde nicht exakt kugelförmig und auch die Strecken sind nicht exakt geradlinig, sondern verbogen . **Deswegen muß jegliche physikalische Berechnung , die von Idealformen ausgeht, falsche Ergebnisse liefern.**

2. Quantentheorie:

Die Experimente im Bereich der Quantenphysik haben u.a. folgendes gezeigt:

1. Es ist gar nicht möglich, ganz exakte Angaben zu machen über die genaue jeweilige Lokalisation eines Elementarteilchens , wie z.B. eines Elektrons . Wir können nur ungefähr errechnen, wo es sich befindet. Auch mehrere nacheinander durchgeführte Messungen können verschiedene Werte ergeben. Das erstaunliche ist dabei, daß auch zwei verschiedene Beobachter, die gleichzeitig Messungen vornehmen, nicht denselben Wert ermitteln können, sondern auch diese Werte Streuungen aufweisen, die durch die Wahrscheinlichkeitsformeln ausgedrückt und ermittelt werden können.

2. Dieses Phänomen hat , wie oben bereits erwähnt ,nicht nur eine objektive , sondern auch eine subjektive Komponente , d.h. 2 Beobachter, die bei demselben Teilchen gleichzeitig Messungen durchführen, kommen zu 2 verschiedenen Ergebnissen .

3. Es ist ferner unmöglich, gleichzeitig den Impuls und die Lokalisation eines Teilchens ganz exakt zu bestimmen.

Das ist die Heisenbergsche Unschärferelation.

4. Diese Unschärferelationen bestehen auch zwischen einigen anderen physikalischen Größen, so z.B. zwischen der Energie und Zeit.

5. Der Beobachter und das von ihm beobachtete Objekt sind voneinander abhängig, d.h. durch eine Änderung der Beobachtungsweise, z.B. durch Änderungen der Einzelheiten eines Experiments, wird auch das Verhalten der Elementarteilchen beeinflußt und geändert. Z.B. ob das Photon als Teilchen oder als Welle in Erscheinung tritt, ist abhängig von den Bedingungen des Experiments.

6. Es besteht gegenseitige Abhängigkeit zwischen den beiden Teilchen eines Paares, d.h. das Verhalten eines dieser beiden Teilchen wird geändert, wenn die Bedingungen des anderen Teilchens geändert werden, auch bei größerer Entfernung.

7. Die Elementarteilchen haben auch die Fähigkeit, kurz aus der Oberfläche der Materie heraus zu kommen und haben sogar die Fähigkeit zum Nachbargebiet zu durchtunneln (der Tunneleffekt).

8. Das Vakuum ist nicht leer, wie früher geglaubt worden war, sondern dort befinden sich Elementarteilchen, die sich laufend in Energieumwandeln und umgekehrt. Es entsteht

anscheinend aus Nichts durch die sogenannte Quantenfluktuation laufend Materie .

3. Chaosgesetze :

Im Bereich des **Makrokosmos** schien noch alles in Ordnung zu sein , was die Anwendung der Formeln , exakte Berechnung und exakte Vorhersagen aufgrund der Formeln anbetrifft.

Einige sehr einfache neue Experimente haben aber erhebliche Zweifel aufkommen lassen . Eines der bekanntesten dieser Experimente ist der **Pendelversuch** , bei dem ein Pendel durch **2 Magnete** abgelenkt wird. Je nachdem von welchem Ausgangspunkt das Pendel losgelassen wird, endet das Pendel entweder bei dem einen, oder bei dem anderen Magneten.
Es hat sich dabei etwas erstaunliches herausgestellt , mit dem niemand gerechnet hatte. **Schon kleinste Abweichungen der Startpunkte des Pendels haben zur Folge, daß das Ergebnis sich total ändert, d.h. daß das Pendel bei dem anderen Magneten landet, obwohl die Startpunkte äußerst eng beieinander liegen.** Nur in unmittelbarer Nähe der jeweiligen Magneten ist das Ergebnis voraussehbar und **schon bei leichter Entfernung von den Magneten wird das Ergebnis chaotisch und absolut nicht mehr vorhersehbar.**

Diese Experimente haben damit gezeigt, daß **im Nahbereich** Vorhersagen und Lokalisationsbestimmungen aufgrund unserer Formeln möglich sind, **aber in weiteren Bereichen** nicht. Das ist dadurch bedingt, daß mit größer werdender Entfernung bzw. Distanz weitere Faktoren hinzu kommen , die nicht vorhersehbar und nicht bekannt waren , schon kleinste Veränderungen können zu ganz anderen Ergebnissen führen . In diesen Bereichen kann nur mit **Wahrscheinlichkeiten** gearbeitet werden .

Meines Erachtens ist aber die Sache noch komplizierter . Z.B. es müsste noch der Faktor **Zeit** berücksichtigt werden. Die meisten Formeln enthalten keinen Zeitfaktor und berücksichtigen somit die Zeit überhaupt nicht . **Je länger aber Zeit verstreicht, desto unexakter muß das Ergebnis der Berechnung bzw. die Vorhersage sein , je länger die Zeit, die dazwischen liegt, umso größer haben verschiedene nicht vorhersehbare Zufälle und Faktoren die Möglichkeit einzuwirken .**
Solange es sich um Minuten, Stunden , Monate oder Jahre handelt, mögen diese Unschärfen noch klein sein , die Sache wird aber extrem, wenn es sich um Jahrhunderte, Jahrtausende, Millionen oder sogar Milliarden von Jahren handelt . **Durch den Faktor Zeit kann dadurch ein Ergebnis so beeinflusst werden , daß dadurch auch nicht ungefähr ein Ergebnis vorausberechenbar oder voraussehbar wird .**

Ich habe oben schon darauf hingewiesen , daß die **Entfernung bzw. die Distanz** bei der Frage der eingeschränkten Möglichkeit exakter Vorhersagen eine wichtige Rolle spielt. Da es sich bei der **Astronomie** im allgemeinen um riesige Entfernungen und Dimensionen von Lichtjahren handelt, so müsste es selbstverständlich sein, **daß insbesondere im Bereich der Astronomie exakte Vorhersagen und Berechnungen mit sehr großer Unsicherheit behaftet sein müssen.**

Chaos-Gesetze im Einzelnen:

Faktor Entfernung oder Distanz (Nr. 1 und 2):

1. Im Nahbereich , bei kleinen nahen Distanzen bzw. **Entfernungen** und in den Bereichen **der kleinen und der mittleren Größen sind Lokalisationsbestimmungen und Vorhersagen aufgrund von Formeln im allgemeinen gut möglich , die Unschärfre ist dort äußerst gering.** Dies haben z.B. die **Pendelversuche** gezeigt . Ein weiteres Beispiel wäre eine **Schraubenfeder** , die mit verschiedenen Gewichten belastet wird . Durch diese Schraubenfeder sind exakte Berechnungen und Vorhersagen in kleinen und mittleren Bereichen möglich, aber im Überdehnungsbereich , also in relativ größeren Bereichen wird der Zustand chaotisch, genauere Berechnungen und Vorhersagen sind nicht mehr möglich .

Das ist dadurch bedingt, daß mit größer werdender Entfernung bzw. Distanz weitere Faktoren hinzu kommen , die nicht vorhersehbar und nicht bekannt waren , schon kleinste Veränderungen können zu ganz anderen Ergebnissen führen . In diesen Bereichen kann nur mit **Wahrscheinlichkeiten** gearbeitet werden . Oder bei dem Beispiel Schraubenfeder wird durch Überdehnung der Linearitätsbereich verlassen .

2. Bei größer werdenden Distanzen und Entfernungen werden die Vorhersagen und Lokalisationen immer unschärfer , s. Abb.1 :

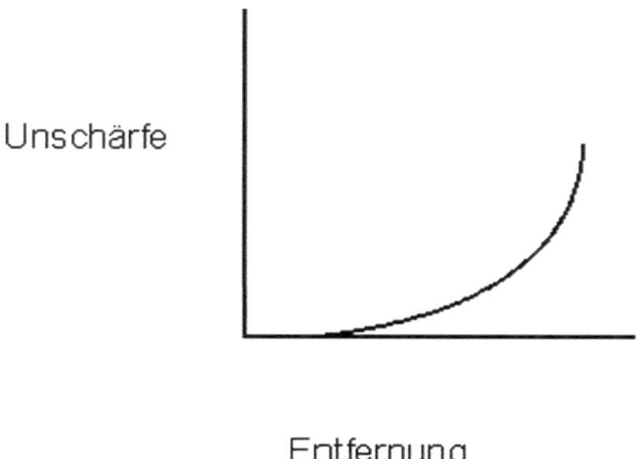

Abb. 1

Auch hier können der **Pendelversuch** und die **Schraubenfeder** als Beispiele erwähnt werden .

Bei größeren Entfernungen wird die Unschärfe u.a. auch deswegen immer größer , da die Wahrscheinlichkeit immer weiter zunimmt, in chaotische Phasen hineinzukommen bzw. sie zu durchlaufen.

Diese Tatsache, daß die **Entfernung bzw. die Distanz** bei der Frage der beschränkten Möglichkeit exakte Vorhersagen machen zu können , von fundamentaler Bedeutung ist , spielt insbesondere im Bereich der Astronomie eine äußerst wichtige Rolle , da bei der Astronomie es sich   im allgemeinen um riesige Entfernungen und Dimensionen von Lichtjahren handelt . **Deswegen müsste es selbstverständlich sein, daß insbesondere im**

Bereich der Astronomie exakte Vorhersagen und Berechnungen mit sehr großer Unsicherheit behaftet sein müssen .

Faktor Zeit (Nr. 3 und 4):

3. Je kleiner der Zeitablauf, umso größer ist die Exaktheit der Vorhersagen und   Lokalisationen .

4. Und umgekehrt, je größer der Zeitablauf, umso größer die Unschärfe und die   Unexaktheit der Ereignisse.

Die meisten Formeln enthalten keinen Zeitfaktor und berücksichtigen somit die Zeit überhaupt nicht .

Je länger aber Zeit verstreicht , desto **unexakter** muß das Ergebnis der Berechnung bzw. die Vorhersage sein , **da je länger die Zeit ist , die dazwischen liegt, umso größer haben verschiedene nicht vorhersehbare Zufälle und Faktoren die Möglichkeit einzuwirken und umso öfters besteht die Wahrscheinlichkeit, chaotische Phasen zu durchlaufen , s. Abb. 2 :**

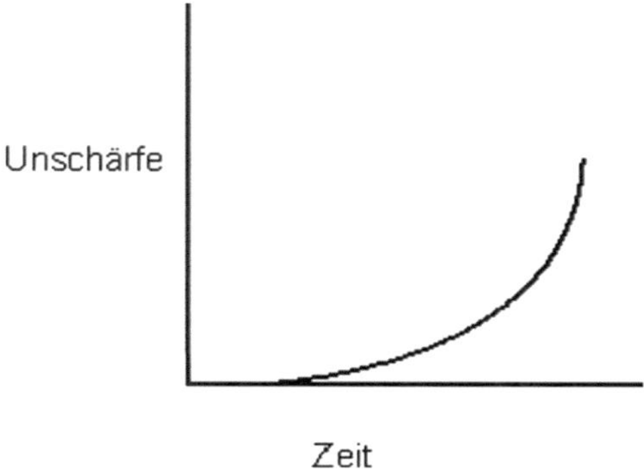

Abb. 2

Solange es sich um Minuten, Stunden , Monate oder Jahre handelt, mögen diese Unschärfen noch klein sein , die Sache wird aber extrem wenn es sich um Jahrhunderte, Jahrtausende , Millionen oder sogar Milliarden von Jahren handelt .**Durch den Faktor Zeit kann dadurch ein Ergebnis so beeinflusst werden , daß dadurch auch nicht ungefähr ein Ergebnis vorausberechenbar oder voraussehbar wird .**

Ich habe mich immer stark gewundert, daß einige Astronomen versuchen, durch Formeln die genauen Einzelheiten, die genauen Verhältnisse , die genauen Parameter und einzelne Zahlen zur Zeit des unterstellten sogenannten Urknalls , also vor mindestens ca. 10-15 Milliarden Jahren zu berechnen und sogar noch einen Schritt weiter gehen und meinen die Richtigkeit einzelner kosmologischer Theorien alleine durch einige Formeln überprüfen zu können .

22

Oder es wird immer wieder versucht, durch bloße Formeln Zahlen zu ermitteln über einzelne Sterne , die mehrere Milliarden Lichtjahre von uns entfernt sind.

Welchen Wert diese Berechnungen haben, geht aus den obigen Ausführungen eindeutig hervor . Danach dürfte der Wert nicht allzu groß sein .

5.   Ein   Chaos   kann   wieder   in   einen Ordnungszustand übergehen und umgekehrt ein Ordnungszustand kann jederzeit wieder chaotisch werden.   Dies scheint sogar die Regel zu sein .

Diese Übergänge können sich oft wiederholen .

Das ist auch einer der Gründe , weshalb der Zeitfaktor eine wichtige Rolle spielt bei dem Ausmaß der Unschärfe , da je länger Zeit verstreicht ,   um so häufiger Chaos-Zustände durchlaufen können

6.   Bevor   ein   Ordnungszustand   in   einen chaotischen Zustand übergeht, gibt es   öfters bestimmte   Alarmzeichen.   Eines   dieser Alarmzeichen ist die Verdopplung der Periode (d.h. Verlangsamung um die   Hälfte) ,s. Abb. 3 :

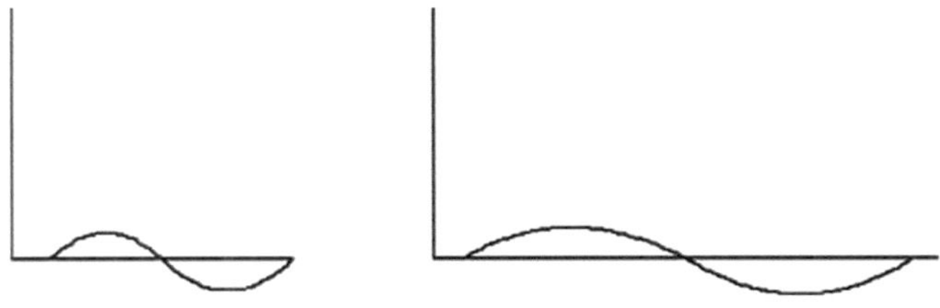

Abb. 3

7. Auch bei einem Chaos-Zustand   ist nicht alles total chaotisch, sondern   es gibt auch dort durchaus eine gewisse Ordnung bzw. bestimmte Regeln .

Wenn wir z.B. bei dem schon erwähnten **Pendelversuch** die Ergebnisse des Experiments aufzeichnen, werden wir sehen, **daß auch das Chaos nach einem bestimmten Muster vor sich geht .**

Ein weiteres Beispiel wären die **Sterne am Himmel.** Ihre Positionen sind zwar aus dem Chaos –Zustand zufällig hervorgegangen , bei genauen Hinschauen werden wir aber auch dort ein **bestimmtes Muster** feststellen (vergl. Kapitel 15) .

Ein 3 . ebenfalls sehr gutes Beispiel wäre die Sonnenaktivität , die bedingt ist durch das

Magnetfeld der Sonne . Wir wissen, daß das Magnetfeld der Sonne chaotisch ist . Innerhalb dieses Chaos gibt es aber eine Regelmäßigkeit, derart daß die **Sonnenaktivität** und somit auch das Magnetfeld einen regelmäßigen **11-jährigen Zyklus** zeigt , d.h. alle 11 Jahre ein Maximum aufweist .

8. Nicht alle Systeme verhalten sich gleich.

Es gibt Systeme , die im allgemeinen gut berechenbar und recht stabil sind , so daß Vorhersagen auch über längere Zeiträume gut möglich sind. Hier sind z.B. die Planetenbahnen unseres Sonnensystems zu erwähnen.

Es gibt aber Systeme , bei denen öfters chaotische Zustände auftreten bzw. bei denen chaotische Phasen überwiegen , sodaß hier Vorhersagen fas unmöglich sind.

Es gibt auch Systeme, die dazwischen liegen .

4. Konsequenz meiner energetischen Relativitätstheorie für Masse :

Die von mir entwickelte energetische Relativitätstheorie besagt, daß Energie (Temperatur, Druck, Strahlung, usw.) Zeit, Raum und Masse beeinflußt ,so daß sie relativ werden und nicht mehr absolut sind, wobei gleichzeitig eine Rot- bzw. Blauverschiebung der entsprechenden Spektren auftritt (wegen der Einzelheiten s. mein Buch „ Sind die

Relativitätstheorien von Einstein richtig? , meine energetische Relativitätstheorie „).

Eine Konsequenz dieser Theorie für die Anwendbarkeit unserer Formeln ist, daß alle Formeln, die den Faktor Masse beinhalten nicht mehr ohne weiteres angewendet werden können, da die Masse durch die jeweilige Energie-Situation beeinflusst wird. Dadurch verlieren alle Formeln , die den Faktor Masse beinhalten Ihre universelle Gültigkeit.

5. Konsequenz meiner energetischen Relativitätstheorie für die Zeit:

Die andere Konsequenz meiner energetischen Relativitätstheorie ist die erweiterte Relativität der Zeit und besagt, daß die Zeit keineswegs konstant, sondern sogar sehr variabel und durch Energie beeinflußbar ist.

Dadurch verlieren die meisten physikalischen Formeln, die eine Zeit beinhalten, mehr oder weniger ihre Bedeutung und Gültigkeit, **insofern, daß sie nunmehr nicht mehr überall angewendet werden können,** da die jeweiligen Energieverhältnisse **von jedem Ort berücksichtigt werden müssten. Sie verlieren dadurch ihre universelle Anwendbarkeit. Unsere gesamten Formeln sind somit keineswegs sozusagen das Maß aller Dinge und keineswegs absolut zuverlässig und unfehlbar** . wir müssen uns ständig im Klaren sein über ihre Stärken und Schwächen, bevor wir sie anwenden.

Zusammengefaßt sind unsere physikalischen und viele mathematische Formeln keineswegs exakt und keineswegs überall anwendbar , sie beweisen ferner keineswegs jeglichen Sachverhalt und sind überhaupt nicht das Maß aller Dinge. Deswegen ist der Sinn der meisten solcher Formel äußerst begrenzt und fraglich und mehr von Unsinn geprägt , ja viele Formeln sind sogar völlig wertlos.

Es handelt sich hierbei um eines der größten Irrtümer der Physik und Astronomie, da bisher vielfach versucht worden ist , für viele Naturphänomene und Beobachtungen Formeln aufzustellen und deren Richtigkeit durch Formeln zu beweisen . Die Berechnungen aufgrund solcher Formeln sind somit mehr als fragwürdig , überhaupt nicht brauchbar und teilweise sogar völlig falsch.
Hier sind z.B. zu nennen Berechnungen zwecks Beweisführung für die Urknalltheorie , für die sogenannten

schwarzen Löcher und Berechnungen für viele weitere astronomische Erscheinungen, die Milliarden Lichtjahre von uns entfernt sind oder vor Milliarden Jahren sich abgespielt haben.

Kapitel 3

Die Urknall-Theorie

ist nicht richtig

Die Urknalltheorie ist nur Produkt unserer grenzenlosen Phantasie, hält einer kritischen und logischen Überprüfung nicht statt und ist nicht richtig.
Woher stammt die Hintergrundstrahlung ?

Als Wissenschaftler sind wir gewöhnt, möglichst vieles durch mathematische Formeln nachzuweisen. Alles, was sich mathematisch nachweisen läßt, wird als richtig hingestellt, und alles, was sich mathematisch nicht nachweisen läßt, außer acht gelassen. **Die normale Logik wird jedoch vielfach vergessen bzw. außer acht gelassen**.

Ich muß darauf hinweisen, daß Mathematik von Menschen gemacht bzw. entwickelt wurde und keine Sache ist, die etwa in der Natur vorhanden gewesen ist. Sie beruht auf Logik, und zwar auf unserer Logik.

Vieles läßt sich selbstverständlich mathematisch nachweisen. Viele Dinge sind jedoch mathematisch nicht nachweisbar, etwa weil einige Größen oder Faktoren nicht bekannt sind oder weil die notwendigen mathematischen Formeln dazu noch nicht entwickelt worden sind.
Wenn aber die Logik richtig ist, dann sind auch die darauf aufgebauten bzw. daraus abgeleiteten Dinge richtig.

Wir müßten auch bei wissenschaftlichen Sachen mehr unsere Logik einsetzen, anstatt uns vielfach auf komplizierte mathematische Formeln einzulassen und einwickeln zu lassen und schließlich zu übersehen, daß die Logik auf der Strecke geblieben ist.

Wir sind insbesondere auf dem Gebiet der Physik gewöhnt, fast alles aus Formeln abzuleiten und durch Formeln nachzuweisen. Die physikalischen Formeln beruhen im allgemeinen auf Experimenten. Im Bereich des Universums sind jedoch Experimente (abgesehen von der Raumfahrt) logischerweise nicht möglich.

Wir wollen festhalten: **Die Logik müßte bei der Lösung der wissenschaftlichen Probleme eine erheblich größere Rolle spielen**. Viele Naturphänomene lassen sich mathematisch nicht lösen und durch physikalische Experimente nicht darstellen.

Es erscheint völlig ausgeschlossen, daß die gesamte Energie des Universums schon am Anfang vorhanden und am Anfang des Universums in einem Punkt konzentriert gewesen sein soll, wie die Urknalltheorie und die meisten bisher bekannten anderen Theorien unterstellen.

Die gigantische Größe des Universums und dessen enorme Masse und Energie machen es völlig **unmöglich**, daß die gesamte Energie des Universums in einem Punkt vereinigt gewesen sein soll.

Welche Kräfte sollen diese Kompression bewirkt haben? Wenn Gravitationskräfte, durch welche Kräfte würde das Universum dann wieder expandieren? Durch Explosion? Welche gigantischen Kräfte müßte diese Explosion entfalten, um die entgegenwirkende unvorstellbar große Gravitation zu überwinden, die die angeblich in einem Punkt konzentrierte ungeheure Energie bzw. Masse des Universums erzeugen würde?
Es ist dabei ebenfalls völlig unmöglich, daß diese Explosionskraft nach ca. 12–15 Milliarden Jahren seit der Entstehung des Universums immer noch ausreichen würde, das Universum weiter expandieren zu lassen, und zwar immer noch gegen die entgegenwirkende massive Gravitationskraft?

Durch welche Kräfte soll die Expansion des Universums in eine Kompression übergehen? Wenn durch die Gravitationskräfte, dann muß daran erinnert werden, daß die bisher berechnete gesamte Gravitationskraft des gesamten Universums bei weitem dazu nicht ausreicht.

Eine größere Expansion des Universums wäre erst gar nicht möglich gewesen, wenn die gesamte Energie des Universums schon am Anfang vorhanden gewesen wäre, und diese Energie wäre bis jetzt, d. h. nach 12–15 Milliarden Jahren (!) schon längst zu Ende gegangen.

Die Urknall-Theorie beantwortet ferner keineswegs die Frage, wie die gesamte Energie des Universums entstanden ist und wer sie geschaffen hat.

Als eine Art Beweis bzw. Unterstützung für diese **Urknall-Theorie** wird der sogenannte **Urknall** herangezogen. Es wird ein Urknall durch eine gewaltige Explosion am Anfang des Universums unterstellt, mit der Folge, daß die Reste dieses Knalls heute noch in Form der sogenannten Hintergrundstrahlung festzustellen wären. Es handelt sich dabei um eine Strahlung mit einer Wellenlänge von 3–30 Zentimetern, die der Strahlung eines Hohlraumes bei einer Temperatur von ca. 3 K entspricht. Es erscheint **völlig unwahrscheinlich,** daß nach 12 bis 15 Milliarden Jahren immer noch diese Strahlung nachweisbar sein soll. Außerdem ist die festgestellte Wellenlänge dieser Strahlung sozusagen nur durch die schönheitschirurgische Notoperation künstlich in Übereinstimmung gebracht worden.

Soll diese Explosion soviel Kräfte erzeugt haben, daß heute nach ca. 12–15 Milliarden Jahren das Universum immer noch mit einer beschleunigten Geschwindigkeit expandiert, die schon in die Nähe der Lichtgeschwindigkeit angekommen ist und sich immer noch weiter beschleunigt, anstatt langsamer zu werden?

Und dies trotz der von vornherein entgegengewirkten und noch entgegenwirkenden gewaltigen Gravitationskraft des ganzen Universums? Auch dies mag sehr faszinierend sein, erscheint jedoch ebenfalls **völlig unwahrscheinlich.**

Abgesehen davon, daß die Urknalltheorie keine der oben aufgeworfenen Fragen beantworten kann, gibt es eine ganze Fülle von Tatsachen, Phänomene und Gegenargumente, die gegen die Urknalltheorie sprechen und sie widerlegen.

Nachfolgend möchte ich insbesondere folgende Tatsachen, Phänomene und Gegenargumente zusammenfassen, die gegen die Urknalltheorie sprechen:

1. **Die Urknalltheorie beantwortet keineswegs die Frage, wie die ganze Energie bzw. die Masse, der Raum und die Zeit des Universums entstanden sein sollen bzw. woher sie gekommen sind und was vorher war, ferner, wer das Universum geschaffen hat und wie?**

2. **Es erscheint völlig ausgeschlossen, daß die gesamte Energie des Universums am Anfang des Universums in einem Punkt konzentriert gewesen sein soll, wie bisher bekannte Theorien unterstellen:**

   Die gigantische Größe des Universums und dessen gigantische Masse und Energie machen es völlig unmöglich, daß die gesamte Energie des Universums in einem Punkt vereinigt gewesen sein soll.

3. **Welche Kräfte sollen diese Kompression bzw. Konzentration bewirkt haben?** Wenn die Gravitationskräfte, durch welche Kräfte würde das Universum dann wieder expandieren? Durch die Explosionskraft, obwohl die unvorstellbar große Gravitationskraft entgegenwirkt?

4. **Durch welche Kräfte soll die Expansion des Universums später in eine Kompression übergehen?** Wenn durch die Gravitationskräfte, dann muß daran erinnert werden, daß die bisher berechnete gesamte Gravitationskraft des gesamten Universums bei weitem dazu nicht ausreicht.

5. **Eine größere Expansion des Universums wäre erst gar nicht möglich gewesen, wenn die gesamte Energie des Universums am Anfang vorhanden gewesen wäre, und diese Energie wäre bis jetzt, d. h. nach 12–15 Milliarden Jahren schon längst zu Ende gegangen.**

6. **Wie soll der gesamte Raum in einem Punkt konzentriert gewesen sein, und wie soll sich ein Raum so entfalten und solchen Dimensionen annehmen, wie er sie heute hat?**

7. **Alle Erscheinungen des Universums sind zyklisch,** d. h., sie wiederholen sich immer wieder bzw. sie kehren stets wieder zurück (wie Tag und Nacht, Sommer und Winter usw.). Der bekannte Philosoph Friedrich **Nietzsche** spricht in seinem bekannten Werk „Also sprach Zarathustra" sehr zutreffend von der ewigen Wiederkunft des Gleichen. Die Urknalltheorie löst dieses Problem keineswegs und ist somit völlig naturfremd.

8. Keine dieser zyklischen Erscheinungen gehen mit einem Knall einher, sondern geschehen fließend und leise (wie die Übergänge Tag und Nacht, Winter und Sommer usw.). Ein Knall als Beginn solcher zyklischen Phänomene ist in der Natur völlig fremd. Die Urknalltheorie steht somit in völligem Gegensatz zu den Erscheinungen und Beobachtungen der Natur und ist somit völlig naturfremd.

9. **Wieso besteht das ganze Universum aus Materie, und wo bleibt die Antimaterie?** Die angenommene technische Operation kurz nach der Entstehung des Universums ist völlig aus der Luft gegriffen und völlig willkürlich.

10. **Auch die angenommene angebliche Entstehung der superschweren Teilchen** kurz nach der Entstehung des Universums ist völlig willkürlich und entbehrt jeglicher Überzeugungskraft und Logik.

11. **Wieso sind die Sterne bzw. Galaxien im Universum ungleichmäßig verteilt? (Wenn die Urknalltheorie richtig wäre, müßten die Sterne bzw. Galaxien gleichmäßig verteilt sein, was aber nachweislich nicht zutrifft).**

12. Soll diese Explosion so viele Kräfte erzeugt haben, daß heute mehrere Milliarden Jahre danach das Universum mit einer **heute noch beschleunigter Geschwindigkeit** expandiert, die in die Nähe der Lichtgeschwindigkeit angekommen ist und sich immer noch weiter beschleunigt, anstatt langsamer zu werden? Und dies trotz der von vornherein entgegengewirkten und noch entgegenwirkenden gewaltigen Gravitationskraft des ganzen Universums? Auch dies mag sehr faszinierend sein, erscheint jedoch ebenfalls **völlig unwahrscheinlich und unlogisch.**

13. Als eine Art Beweis bzw. Unterstützung für diese Vorstellungen wird ein Urknall durch eine gewaltige Explosion am Anfang des Universums unterstellt, mit der Folge, daß die Reste dieses Knalls heute noch in Form der sogenannten **kosmischen Hintergrundstrahlung** festzustellen wären. Es handelt sich dabei um eine Strahlung mit einer Wellenlänge von 3–30 cm, die der Strahlung eines Hohlraums bei einer Temperatur von ca. 3 K entspricht. Es erscheint **völlig unwahrscheinlich und unlogisch,** daß nach 12–15 Milliarden Jahren diese Strahlung immer noch nachweisbar sein soll. Im übrigen **stimmt nicht einmal die Frequenz dieser Strahlung mit den Berechnungen überein** und wurde nur durch eine schönheitschirurgische Notoperation künstlich hergestellt (**Näheres dazu s. meine diesbezügliche wissenschaftliche Arbeit,** ferner Kapitel 4 dieses Buches**).**

14. Auch die Form und Ausdehnung der sogenannten kosmischen Hintergrundstrahlung als Resterscheinung dieses Urknalls spricht völlig gegen die Richtigkeit der Annahme, daß es sich hierbei um die Resterscheinung des Urknalls handeln würde **(Näheres dazu s. in meine diesbezügliche wissenschaftliche Arbeit).**

15.Die Urknalltheorie löst ferner das Problem der Quasare nicht.

16.Und nicht zuletzt die tatsächliche Dichteverteilung des Universums spricht eindeutig gegen die Urknalltheorie : Wenn die Urknalltheorie richtig wäre, müßte die Dichte des Universums mit der Zeit abnehmen , weil die anfänglich stark konzentrierte Materie sich im Laufe der Zeit immer mehr verteilen würde.

Wir wissen aber definitiv, daß die durchschnittliche Dichte des Universums überall gleich ist, auch bei Milliarden Jahre entfernten Regionen des Universums, so daß die Urknalltheorie auch deswegen ausgeschlossen ist.

Die Urknalltheorie ist somit nur ein Produkt der grenzenlosen Phantasie, hält einer kritischen

und logischen Überprüfung nicht stand und ist nicht richtig.
Es handelt sich dabei mehr um eine Verlegenheitslösung als um Realität.

Weder die Urknalltheorie noch die meisten anderen bisher bekannten Theorien sind also in der Lage, insbesondere die Fragen zu beantworten, woher die gesamte Energie, die Masse und der Raum des Universums gekommen sind, wer sie geschaffen hat und was vorher gewesen ist.

Es ist ferner bisher denen nicht gelungen , die vielen Fragen in Zusammenhang mit den Quasaren zu beantworten, z. B. die enorme Helligkeit trotz geringer Größe und die enormen Rotverschiebungen, die bei der Anwendung des Doppler-Effekts auf Geschwindigkeiten weit über die Lichtgeschwindigkeit hindeuten.

Zusammengefaßt werfen die meisten bisher bekannten Theorien mehr Fragen auf, als sie beantworten können, und können trotzdem die meisten existierenden Fragen, die oben kurz angeschnitten worden sind, überhaupt nicht beantworten.

Die Urknalltheorie kann also so gut wie <u>keine</u> der oben aufgeworfenen bzw. kurz angeschnittenen Fragen beantworten .

Sie wirft sogar mehr Fragen auf, als sie beantworten kann und macht die Problematik noch verworrener.

Meine DPNS-Theorie kann jedoch alle oben aufgeworfenen Fragen beantworten. Im Rahmen dieses Buches, nämlich im Kapitel 5 , wird auf diese Theorie eingegangen , aber leider nur kurz, da sie sehr ausführlich ist und sonst den Rahmen dieses Buches sprengen würde.

Diese Theorie ist aber Gegenstand meines Buches „ **Das Geheimnis der Entstehung des Universums, meine DPNS-Theorie** „ und ist dort sehr ausführlich dargestellt . **Deswegen wird hier an dieser Stelle wegen einer ausführlichen Darstellung der Thematik darauf verwiesen .**

Kapitel 4

Kosmische Hintergrundstrahlung

und ihre Deutung

Die kosmische Mikrowellen-Hintergrundstrahlung wurde
rein zufällig entdeckt (s. Abb.):

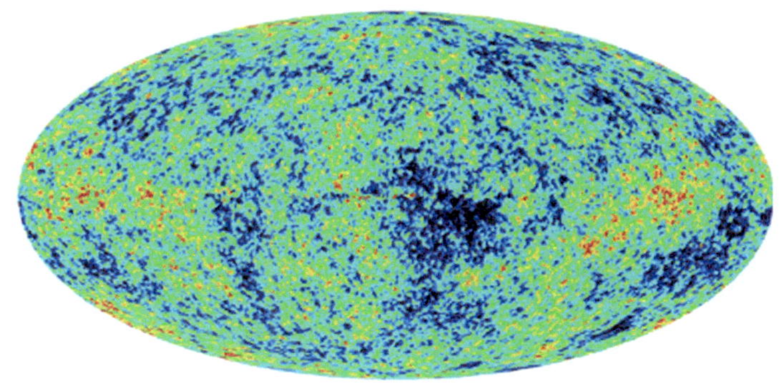

Arno A. Penzias und Robert W. Wilson wollten 1964 im Auftrage des Forschungslabors der Bell Telephone Company die Intensität der Radiowellen messen, die von unserer Galaxie emittiert werden, Sie beobachteten bei einer Wellenlänge von 7,35 cm ein starkes Rauschen, das offenbar zunächst keine Abhängigkeit von der Richtung aufwies. Sie nahmen zunächst an, dieses Rauschen würde von der Antenne selbst erzeugt, da praktisch jeder Gegenstand bei einer Temperatur oberhalb des absoluten Nullpunktes ein Radiorauschen ausstrahlt.

Da man die Intensität bzw. die Energie jeder Wellenlänge auf eine Äquivalent-Temperatur beziehen kann, stellten Penzias und Wilson fest, daß das empfangene Radiorauschen eine Äquivalent-Temperatur von 3,5 Grad Kelvin hat.

Unabhängig davon, hatte man vorausgesagt, daß aus dem früheren Universum eine Strahlung mit einer Äquivalent-Temperatur von ca. 50 Grad K existieren müßte.

Als die Entdeckung von Penzias und Wilson bekannt wurde, **korrigierte man drastisch** und willkürlich diese Voraussage von 50 K auf 3,5 K und bezog die 3,5 K-Strahlung auf die Entstehungszeit des Universums.

Damit eine Übereinstimmung erzielt werden konnte, mußte man sich jedoch eines weiteren Kunststücks bedienen. Man nahm an, daß diese Strahlung aus einer Zeit stammen müßte, als die Temperatur kurz nach der

Entstehung des Universums ca. 3000 K betrug, und dann bei einer Expansion des Universums um den Faktor 1000, würde diese 3000 K-Schwarzkörperstrahlung heutzutage als die 3 K-Strahlung empfangen werden können.
Mittlerweile ist bei genaueren Messungen der Wert 3 K korrigiert worden auf **2,725 K.**

Es ist somit alles mögliche versucht worden, durch Korrekturen und Änderungen völlig künstlich eine Übereinstimmung herzustellen.

Man nahm also an, es handelt sich bei der 3 K-Strahlung bzw. 2,725 K-Strahlung um eine entsprechend ins rot verschobene 3000 K-Strahlung aus den Anfängen des Universums.

Ich möchte entschieden bestreiten, daß diese Deutung zutrifft. Es handelt sich vielmehr um eine an den Haaren herbei gezogene Deutung , die völlig künstlich erfunden worden ist. **Bei den Deutungen hat man sich also krampfhaft bemüht praktisch durch mehrere schönheitschirurgische Operationen eine Sache künstlich zu beweisen.**

Insbesondere folgende Tatsachen sprechen gegen diese Deutung:

1. Ein Urknall hat überhaupt nicht stattgefunden (s. mein Buch „Das Geheimnis der Entstehung des Universums"). Deswegen ist auch jede Suche nach entsprechenden Reststrahlen völlig überflüssig.

2. Aber völlig abgesehen davon, daß ein Urknall überhaupt nicht stattgefunden hat, kann so eine Strahlung nicht nach so langer Zeit, d.h. nach ca. 15 Milliarden Jahre noch existieren, sonst müßten auch die anderen Begleiterscheinungen des Urknalls noch existieren.

3. Ohne die schönheitschirurgischen Maßnahmen würde nicht einmal die Frequenz übereinstimmen, sondern erheblich abweichen.

4. Das Material unseres Sonnensystems müßte auch letzten Endes dem Gebiet entstammen , aus dem diese Hintergrundstrahlung entstand, **Dadurch könnte diese Urknallstrahlung keine Rotverschiebung zeigen,** sondern müßte frequenzgetreu hier ankommen, da dieses Gebiet der damaligen Strahlung sich genau so ausgebreitet haben **muß,** wie das Material, aus dem unser Sonnensystem entstand.

5. Bei der Berechnung der Rotverschiebung hat man die enormen sonstigen Energieverhältnisse wie z.B. die **Druckverhältnisse bei dem " Anfang" des Universums überhaupt nicht berücksichtigt.** Nach meiner energetischen Relativitätstheorie (vergl. **mein Buch „ Sind die Relativitätstheorien von Einstein richtig?, meine energetische Relativitätstheorie"**) bewirkt aber so ein hoher Druck eine enorme zusätzliche Rotverschiebung.

6. Wenn die obige Deutung der Hintergrundstrahlung zutreffen würde, so **müsste** sie nicht von allen Seiten gleich stark sein, **sondern <u>von einer Seite </u>stärker sein (da das Universum ein Zentrum und einen Rand hat). Nach dem Ergebnis der Messungen <u>trifft dies jedoch ebenfalls nicht zu.</u>**

Mittlerweile ist Hintergrundstrahlung außer im Mikrowellenbereich auch im Röntgenbereich und im Infrarotbereich entdeckt worden.

Meine Theorie der Entstehung der kosmischen Hintergrundstrahlung:

Diese Theorie löst alle diese Probleme:

Bei der kosmischen Hintergrundstrahlung handelt es sich mach meiner Meinung um eine Strahlung der sogenannten dunklen Materie bzw. dunklen Energie des Interstellarraums (d.h. des Raums zwischen den Sternen) des ganzen Universums .

Wir wissen, daß die Raumtemperatur 2,725 K (Grad Kelvin) beträgt . Deswegen **muß** diese Strahlung dieser Temperatur entsprechen . **Es handelt sich also um die normale Strahlung des schwarzen Körpers entsprechend seiner Temperatur.**

Über den Interstellarraum hatte man bis vor kurzem völlig falsche Vorstellungen. **Dieser Raum ist nämlich alles andere als leer.**

Insbesondere seit der Beobachtungen aus der **Quantenphysik** wissen wir, daß sogar auch im Vakuum Elementarteilchen vorhanden sind , die sich laufend in Energie umwandeln und umgekehrt , und daß deswegen auch der sogenannte Interstellarraum (auch der Interstellarraum zwischen den einzelnen Sternen unserer eigenen Milchstraße) nicht leer ist, sondern daß sich dort ebenfalls Elementarteilchen befinden , die sich laufend in Energie umwandeln und umgekehrt. Deswegen muß auch der Interstellarraum seine eigene Strahlen haben. Dort müssen sogar **massive Energiemengen** vorhanden sein (s. unten) , die sich laufend in Materie umwandeln und umgekehrt. Es wäre sogar völlig unverständlich , wenn sie sich nicht durch elektromagnetische Wellen bemerkbar machen würden.
Wir sind in der Astronomie normalerweise gewöhnt nur **punktförmige** Erscheinungen zu empfangen , wie z.B. das Licht der Sterne.
Wir empfangen selbstverständlich auch **punktförmige** Erscheinungen (z.B. Licht, Rö.-Strahlen usw.) von unserer eigenen Galaxie bzw. von seinen Sternen.

Es gibt aber auch eine ganze Reihe von diffusen Lichterscheinungen, wie z.B. das Polarlicht oder die Wärmestrahlung.

Wir vergessen bei diesen Überlegungen leicht , daß wir uns zusammen mit unserem gesamten Sonnensystem **innerhalb** unserer eigenen Galaxie befinden, d.h. unsere Galaxie befindet sich um uns herum und wir sind praktisch ein Teil davon . Unsere Galaxie befindet sich ferner mitten im

Universum .

Deswegen müßten diese diffusen Strahlen sich um uns herum befinden und praktisch von allen Seiten zu empfangen sein.

Der Interstellarraum ist also , wie bereits erwähnt keineswegs leer, sondern ist gefüllt von zahlreichen Elementarteilchen und vielen Energiewellen, die sich laufend ineinander umwandeln. Es handelt sich teilweise um <u>gigantische</u> Mengen Materie und Energie,   die man bisher als die sogenannte dunkle Materie bzw. dunkle Energie fehlgedeutet und völlig unterschätzt hat .

An dieser Stelle möchte ich darauf hinweisen, daß nur ca. 4 % der gesamten Materie des Universums sichtbar ist (als Galaxien und Sterne)und bei dem restlichen 96 %!! es sich um die sogenannte dunkle Materie bzw. dunkle Energie handelt. Es wäre ein Wunder, wenn ihre gesamten Aktivitäten bzw. Wechselwirkungen völlig geräuschlos und ganz still vor sich gehen würde.(vergl. auch mein Buch „ Sind die Relativitätstheorien von Einstein   richtig?   ,   meine   energetische Relativitätstheorie“   , Kapitel 10,   und   meine Gravitationsformel).

Deswegen ist die Menge der interstellaren Materie keineswegs gering, insbesondere wenn man bedenkt welche Dimensionen der interstellare Raum hat. Es handelt sich ja bekanntlich nicht nur um eine Schicht, sondern **um viele Milliarden Schichten,** die übereinander liegen, **sich addieren und deswegen durchaus die Intensität der gemessenen Hintergrundstrahlung sehr gut erklären können.**

Insbesondere folgende Tatsachen und Beobachtungen sprechen für die Richtigkeit meiner Theorie, beweisen sie, und widerlegen gleichzeitig die Urknalltheorie:

1. Völlige Übereinstimmung zwischen der zu erwartenden d.h. durch physikalische Rechnung berechnete Wellenlänge der Strahlen des schwarzen Köpers bei einer Temperatur vom 2,725 K im Weltraum und der gemessenen Wellenlänge der Hintergrundstrahlung.

2. Keinerlei Notwendigkeit zur chirurgischen Schönheitsoperationen zwecks Herbeiführen einer Übereinstimmung.

3. Die Inhomogenität der festgestellten Hintergrundstrahlung unterstreicht ebenfalls meine Theorie (auch die Verteilung der Sterne ist ungleichmäßig, vergl. Kapitel 15 und meine wissenschaftliche Arbeit über die Verteilung der Sterne).

4. Die Selbstverständlichkeit, daß Aktivitäten und Wechselwirkungen von gigantischen Mengen Materie und Energie irgendwelche Erscheinungen verursachen muß und nicht geräuschlos vor sich gehen kann.

Kapitel 5

Meine DPNS-Theorie

(Dynamische phasenverschobene

Nullsummen-Theorie)

Diese Theorie ist sehr ausführlich dargestellt **in meinem Buch,, Das Geheimnis der Entstehung des Universums, meine DPNS-Theorie ,,** und wird hier im Rahmen dieses Kapitels nur als Ergänzung der Thematik dieses Buches kurz erwähnt.

Wenn Sie sich näher für diese Thematik interessieren , möchte ich Sie deswegen verweisen auf mein oben genanntes Buch, das neben einer erheblich ausführlicheren Darstellung meiner DPNS-Theorie, einige weitere interessante Theorien von mir sowie viele faszinierenden Darstellungen und Ausführungen aus dem Gebiet der Astronomie Kosmologie und Schöpfung beinhaltet .

Nach meiner DPNS-Theorie ist das Universum aus 0 hervorgegangen und ist

ein kugelförmiges, dynamisches und phasenverschobenes Nullsummen-System, das Pulsationen durchführt zwischen 0 und unendlich , d.h. daß mal größer und schließlich unendlich groß wird ,und mal kleiner wird und schließlich einen 0-Wert annimmt , wobei zwischen diesen 2 Zuständen viele Milliarden von Jahren liegen. Es handelt sich um riesige Schwingungen zwischen Nichts (0) und Alles (unendlich).

Am Anfang der Expansionsphase steht die Zeit bei 0 und fängt an zu laufen. Es entsteht laufend Raum , d.h. der Raum wird immer größer , und es entsteht laufend Energie , wobei aus der Energie laufend Materie entsteht. Am Ende der Expansionsphase bzw. am Anfang der Kontraktionsphase fängt die Zeit, nach kurzem Stillstand wieder an zu laufen, jedoch in umgekehrter Richtung ,der Raum wird dann immer kleiner und auch die Energie wird immer geringer, wobei aus der Energie laufend Antimaterie entsteht .

Wir wissen aus der Physik, daß Energie und Masse äquivalent sind, d.h. daß sie gleichwertig sind . Sie können sich ferner ineinander umwandeln.

Diese Theorie basiert auf den Gesetzen und Prinzipien der Mathematik und Physik , auf Beobachtungen und Experimenten der Physik , auf Naturgesetzen , sowie auf den Beobachtungen der Natur, Gleichzeitig wird diese Theorie dadurch bewiesen.

Ergänzend möchte ich ferner an dieser Stelle verweisen insbesondere auf meine folgenden wissenschaftlichen Arbeiten : "Hinter den Quasaren", "Leuchtfeuer am Scheitelpunkt des Universums", "Am Anfang war es ganz düster ", " Die pränatale Galaxie- und Sternentwicklung bzw. die Entstehung der Materie ", „Das Geheimnis der Galaxien" , "Wo befinden wir uns im Universum?", "Reise tief ins Universum", "Das verzerrte Universum", "Wir rasen durchs Universum", "Ist die Bezeichnung Raum-Zeit-Kontinuum sinnvoll ?", "Entfernung als Maßstab für die Vergangenheit?", Das Alter des Universums " , "Weshalb ist das Universum so groß?" , und möchte darauf hinweisen, daß jede wissenschaftliche Arbeit u.a. mindestens eine Theorie von mir beinhaltet.

Kapitel 6

Die Relativitätstheorien

von Einstein

sind nicht richtig

1. Allgemeine Relativitätstheorie von Einstein:

Im Rahmen meines Buches „ Sind die Relativitätstheorien von Einstein richtig?, meine energetische Relativitätstheorie" konnte ich 20 Beweise anführen, die die allgemeine Relativitätstheorie eindeutig widerlegen , sodaß es als eindeutig nachgewiesen gilt, daß die allgemeine Relativitätstheorie von Einstein nicht richtig ist.

Alleine durch 7 Experimente bzw. Beispiele konnte ich zeigen und beweisen ,daß schon die Grundlagenüberlegungen bzw. das Grundpostulat von

Einstein zwecks Ableitung der Raumkrümmung in seiner allgemeinen Relativitätstheorie , nämlich das sogenannte

"Prinzip der Äquivalenz von Trägheit und Schwere " nachweislich nicht zutreffend ist und daß ein Betroffener bzw. ein Beobachter sehr wohl in der Lage ist, experimentell zu unterscheiden, ob er gerade eine gleichmäßig beschleunigte Bewegung ausführt, oder ob er sich in einem Gravitationsfeld befindet und deswegen beschleunigt wird .

Da schon das Grundpostulat bzw. sozusagen das Fundament der allgemeinen Relativitätstheorie von Einstein nicht richtig ist , zerbricht schon dadurch die gesamte allgemeine Relativitätstheorie von Einstein in sich zusammen.

Dort habe ich ferner gezeigt und bewiesen, daß der Raum nicht gekrümmt ist und auch nicht krumm sein kann , und ferner ,daß eine Gravitationswirkung auch bei nachweislich gerade verlaufendem Raum vorhanden sein kann .

Vor kurzem konnte außerdem in den USA gezeigt werden, **daß auch die Formeln der allgemeinen Relativitätstheorie nicht richtig sind. Es hat vermutlich solange gedauert bis man dies nachgewiesen hat, weil es sich um äußerst komplizierte Formeln handelt.**

2. Spezielle Relativitätstheorie von Einstein : Was die spezielle Relativitätstheorie von Einstein anbetrifft, so geht sie von der Annahme aus und beruht darauf, daß das   Licht die   Lichtgeschwindigkeit   von   300   000   km/s   nicht überschreiten kann.

Mittlerweile ist aber von verschiedenen Wissenschaftlern **durch Experimente nachgewiesen worden, daß das Licht die Lichtgeschwindigkeit von 300 000 km/s wohl überschreiten kann**

Deswegen   ist   auch   die   spezielle Relativitätstheorie von Einstein nicht richtig.

Somit   sind   sowohl   die   allgemeine Relativitätstheorie   als   auch   die   spezielle Relativitätstheorie von Einstein in dieser Form nicht richtig und praktisch gegenstandslos.

Es handelt sich hierbei um 2 der größten Irrtümer der Physik und Astronomie überhaupt, die sowohl die Physik als auch die Astronomie erheblich zurückgeworfen haben , die darüber hinaus zahlreiche Folgeirrtümer verursacht haben und außerdem einen erheblichen finanziellen Schaden angerichtet haben (Näheres s. mein Buch „ Sind die Relativitätstheorien vom Einstein richtig?).

Die beiden Relativitätstheorien von Einstein müssen korrigiert , ergänzt und zusammengelegt werden .Sie sind ein Teilgebiet bzw. eine Sonderform meiner **energetischen Relativitätstheorie (s. mein Buch „Sind die Relativitätstheorien von Einstein richtig? Meine energetische Relativitätstheorie").**

Kapitel 7

Raumkrümmung,

Realität oder Phantasie?

Die von Einstein behauptete Krümmung des Raumes unter der Einwirkung der Gravitation ist **keine Realität** , sondern das Produkt von **Wechselwirkungen von 2 Faktoren** bzw. 2 Kräften, und somit nur **scheinbar** .

Sie ist das Produkt einer Idee, die nicht zu Ende gedacht ist..

Die **scheinbare** Raumkrümmung durch die Gravitation kommt vielmehr durch die gegenseitige Beeinflussung von 2 Gravitationen und einer Bewegung (z.B. Licht) zustande .

Als Beweis für die behauptete Krümmung des Raumes durch die Gravitation wurde folgende Beobachtung bzw. folgendes Naturexperiment angeführt :

Die Lichtstrahlen der Sterne, die in der Nähe der Sonne vorbeilaufen, werden abgelenkt, sodaß die betreffenden Sterne etwas versetzt erscheinen (s. nachfolgende schematisiert dargestellte Abb. 1) :

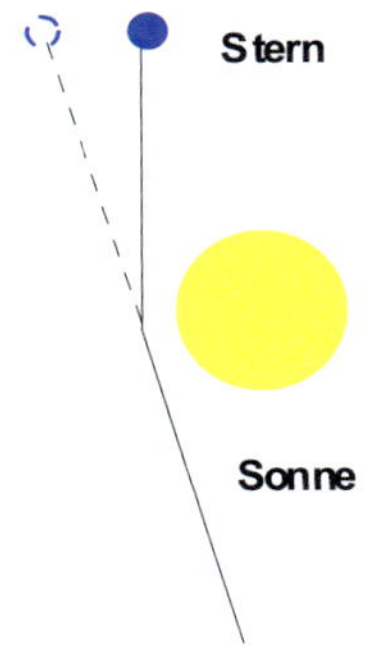

Abb. 1

Dies konnte bei Sonnenfinsternissen beobachtet werden .

Zur Veranschaulichung dieses Phänomens wird gerne ein Netz gezeigt, daß unter der Schwere eines Balles deformiert worden ist , das zwar sehr anschaulich und eindrucksvoll aussieht, aber als gekrümmtes Raummodell überhaupt nicht funktioniert , wie Sie im Laufe dieses Beitrages sehen werden .

Die Ablenkung der Lichtstrahlen der Sterne, die in der Nähe der Sonne vorbeilaufen, hat aber mit einer angeblichen Raumkrümmung überhaupt nichts zu tun, wie man fälschlicherweise angenommen hat, sondern kommt dadurch zustande, daß die Lichtstrahlen durch die Gravitation der Sonne angezogen werden:

Bei den Lichtstrahlen handelt es sich bekanntlich um **elektromagnetische Energiewellen. Gemäß einer der wichtigsten Entdeckungen von mir, verfügt auch die Energie über eine Gravitation, somit auch die elektromagnetischen Energiewellen wie das Licht** (s. auch meine Bücher „Revolution der Astronomie und Physik" und „ Sind die Relativitätstheorien von Einstein richtig?"). Deswegen <u>**müssen**</u> sie von der Gravitation einer Masse , wie z.B. von der Gravitation der Sonne ,**angezogen werden.**

Nachfolgend möchte ich anhand von 9 teilweise gedanklichen und teilweise praktisch durchführbaren Experimenten zeigen und beweisen, daß der Raum nicht gekrümmt ist und auch nicht krumm sein kann , und ferner ,daß eine Gravitationswirkung auch bei nachweislich gerade verlaufendem Raum vorhanden sein kann :

1. Jede Krümmung d.h. jede Konvexität muß logischerweise auf der **Gegenseite** eine **Konkavität bzw. eine Krümmung in gegensinniger Richtung** zur Folge haben. Gemäß der allgemeinen Relativitätstheorie von Einstein ist aber eine Krümmung des Raums mit Gravitationswirkung verbunden . Deswegen müßte auf der Gegenseite der Krümmung eine **negative Gravitationswirkung** entstehen , mit der Folge von Abstoßung bzw. Wegfliegen der Gegenstände bzw. der Raumkörper. **So ein Phänomen ist aber bis jetzt nie beobachtet worden und ist absolut unlogisch** .

Die Idee der Raumkrümmung führt also sogar ad absurdum und ist somit absolut unmöglich

2. Wir betrachten uns einmal eine angenommene Raumkrümmung (schematisiert) um unsere Sonne und um einen anderen großen Himmelsköper :

Abb. 2

Wenn nun dieser andere große Himmelsköper in die Nähe unserer Sonne kommen würde , so würde folgendes passieren:
Bei der Annahme der Existenz einer Raumkrümmung um unsere Sonne und um dieses Objekt ,
müßte diese Raumkrümmung in dem zwischen diesen Himmelskörpern liegenden Raumbereich flacher werden, d,h, die jeweilige Konvexität müßte abnehmen und sich deswegen etwas aufheben , da sie in gegensinniger Richtung ist :

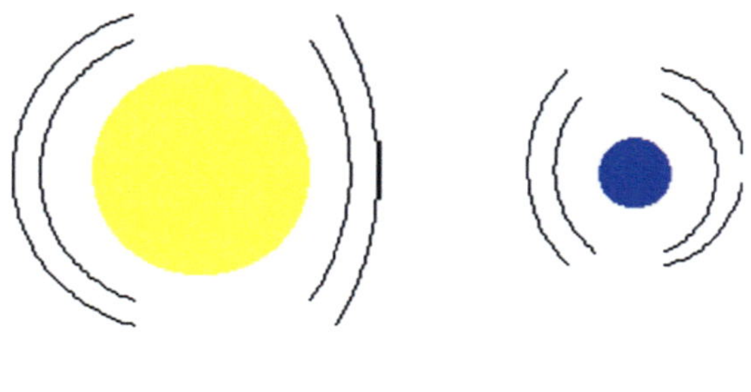

Abb. 3

Wenn aber die Raumkrümmung abnimmt , müßte auch die " Fallneigung " bzw. Anziehung geringer werden .

Wenn jetzt ein noch größeres Objekt in die Nähe der Sonne kommen würde, so müßte diese Abflachung der Raumkrümmung noch größer werden , mit der Folge daß, die " Fallneigung " bzw. die gegenseitige Anziehung noch geringer würde :

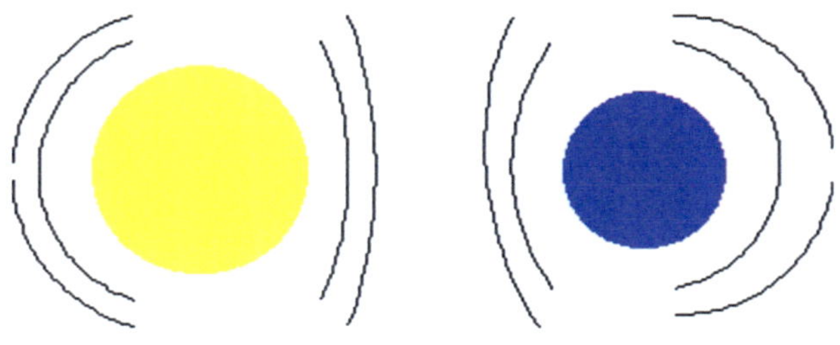

Abb. 4

Wir wissen aber bekanntlich, daß tatsächlich genau das Gegenteil der Fall ist , nämlich daß die Gravitation und somit die Anziehung dadurch zunimmt da gemäß dem Newtonschen Gravitationsgesetz und seiner Formel die Gravitationskraft u.a. abhängig ist von der Masse , und nunmehr neben m_1 auch eine m_2 bzw. eine noch größere m_2 vorhanden ist und deswegen die Gravitation gemäß Newton zunehmen muß .

3. Wir nehmen an ,daß eine in Relation zur Sonne sehr kleine Kugel (bzw. ein kugelförmiger Himmelskörper) mit hoher Geschwindigkeit an der rechten Seite der Sonne vorbeizieht . Gemäß der Newtonschen Gravitationsformel wird diese Kugel von der Sonne durch die Gravitationskraft angezogen , sodaß ihre Bahn ,ähnlich wie die Bahn des Lichts, abgelenkt und rechtskonvex wird .

Nun zieht eine etwas größere Kugel genau an derselben Stelle ebenfalls mit hoher Geschwindigkeit rechts an der Sonne vorbei . Da gemäß dem Newtonschen Gravitationsgesetz und seiner Formel die Gravitationskraft u.a. abhängig ist von der Masse , so muß diese Kugel stärker von der Sonne angezogen und somit stärker abgelenkt werden, sodaß ihre Bahn eine noch stärkere rechtskonvexe Form annehmen muß .

Jetzt ergibt sich folgende Fragestellung : Wenn der Raum durch die Sonne gekrümmt worden wäre, so müßte diese Krümmung für alle relativ kleine Kugel , die aber verschieden groß sind, gleich sein und **könnte keineswegs durch eine relativ größere Kugel , die an der rechten Seite der Sonne vorbei zieht auch noch rechtskonvexer werden .**

Dieses Experiment zeigt, daß es sich in Realität keineswegs um eine Raumkrümmung handeln kann , sondern um eine Ablenkung der Bahn , vergleichbar etwa mit einer Lichtablenkung durch eine Linse .

4. Unsere Sonne ist bekanntlich kugelförmig . Deswegen müßte also auch die Raumkrümmung um die Sonne kugelförmig sein , mit der Folge, daß alle sogenannten Gravitationsschienen um unsere Sonne kreisrund wären . Deswegen müßte alles was um unsere Sonne rotiert, eine kreisrunde Bahn haben, da es sich entlang dieser kreisrunden "Gravitationsschienen " bewegen müßte .

Wir wissen aber, daß **die Bahnen unserer Planeten nicht ganz kreisförmig, sondern leicht oval sind** , obwohl sie seit Milliarden Jahren unsere Sonne umkreisen und deswegen Ihre Bahnen sich schon längst an diese kreisrunde "Schienen "orientiert hätten , wenn sie existent gewesen wären.

Auch dieses Naturexperiment zeigt und beweist, daß der Raum nicht krumm ist und widerlegt somit die allgemeine Relativitätstheorie mit der behaupteten Raumkrümmung.

5.   Schon ein einfaches gedankliches Experiment zeigt , daß die Idee der Raumkrümmung ad absurdum führt :

Nehmen wir an , daß die Lichtstrahlen eines Sterns auf der linken Seite der Sonne vorbeilaufen und deswegen nach rechts abgelenkt werden (entsprechend der obigen Abb.1), sodaß diese Strahlen **nach links verbogen** sind . Wir ziehen gedanklich parallel zu dieser Linie und näher zu der Sonne weitere Linien   , die alle ebenfalls nach rechts abgelenkt und somit ebenfalls **nach links verbogen** sind (s. Abb. 5) und nehmen einmal an, es handele sich um die ebenfalls nach rechts abgelenkten Lichtstrahlen anderer Sterne, die weiter rechts liegen   (wir wollen außer Acht lassen, daß die Ablenkung der Lichtstrahlen sogar größer wird , je näher die Strahlen an der Sonne vorbeilaufen) :

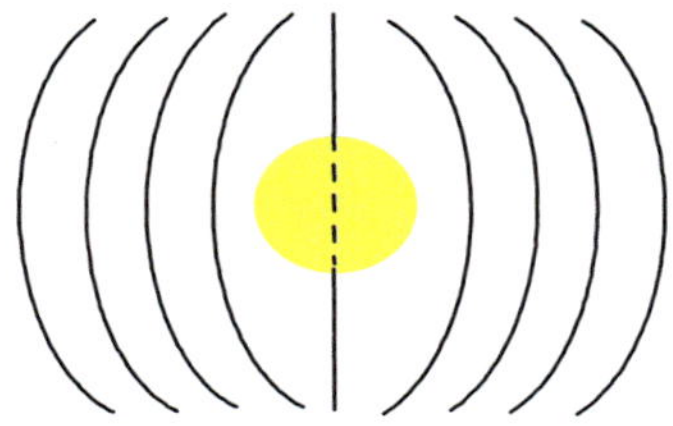

Abb. 5

Wir wiederholen dieses Gedankenexperiment und ziehen diesmal auf der rechten Seite der Sonne einige **nach rechts verbogene** Linien , diesmal in der Annahme, daß es sich um Sterne handelt ,die auf der rechten Seite der Sonne liegen und deren Lichtstrahlen deswegen rechts an der Sonne vorbeilaufen und deswegen nach links abgelenkt werden.

Wenn wir rechts und links immer weitere parallel laufende Linien ziehen , so werden wir sehen, daß in der Mitte ein kleines Feld übrig bleibt , das begrenzt wird auf der linken Seite durch eine nach links verbogene (linkskonvexe), und auf der rechten Seite durch eine nach rechts verbogene (rechtskonvexe) Linie . Da der Raum dort logischerweise nicht nach beiden Seiten gekrümmt sein kann ,   muß schließlich die Linie, die von den 2 entgegen gesetzt verbogenen Linien begrenzt wird, **gerade** , **also ohne Verbiegung** , verlaufen, was gleichbedeutend ist, daß **der**

Raum in diesem Bereich nicht verbogen sein kann. Diese Linie verläuft im übrigen genau durch den Mittelpunkt bzw. durch das Zentrum der Sonne , was gleich bedeutend ist, daß es sich hierbei um einen verlängerten **Durchmesser** der Sonne handelt.

Ein Kreis hat bekanntlich zahlreiche Durchmesser und somit auch zahlreiche verlängerte Durchmesser . Wir zeichnen möglichst viele Durchmesser eines Kreises ein (s. Abb. 6) , die somit eine **Ebene** oder praktisch eine Scheibe darstellen. **Nach der obigen Beweisführung ist diese Ebene oder Scheibe ganz gerade und kann keineswegs gekrümmt sein**

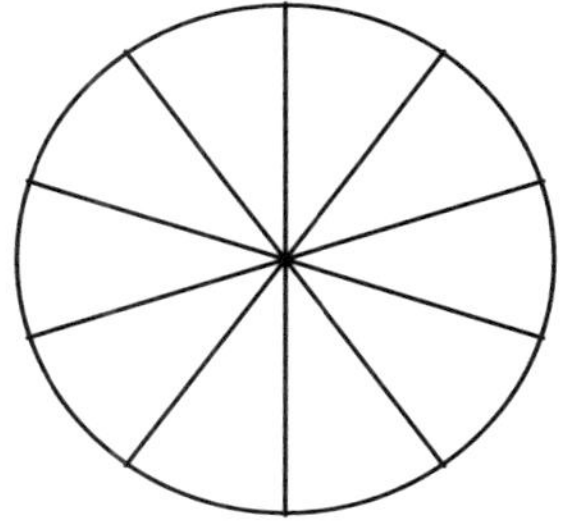

Abb. 6

(**einige** Durchmesser eines Kreises)

Bisher war unser Gedankenexperiment 2-dimensional . Wenn wir dieses Gedankenexperiment nunmehr **3-**

dimensional , also   in allen Ebenen wiederholen, so werden wir sehen, **daß der Raum entlang aller (verlängerte) Durchmesser** der Sonne oder entlang **aller solcher Ebenen nicht verbogen oder gekrümmt sein kann,** und **eine Kugel hat bekanntlich eine unzählige Zahl der Durchmesser und Ebenen .**

6. Wenn ein kleineres Objekt von einem größeren Objekt durch die Gravitationskraft angezogen wird, **so geschieht dies bekanntlich entlang einer Linie , die senkrecht verläuft** (auch)**zur Oberfläche des größeren Objektes (d.h. genau in Richtung dessen Zentrums) , also entlang eines verlängerten Durchmessers des größeren Objektes.** Diese bekannte Tatsache ist auch experimentell vielfach bestätigt worden .

Wie wir oben gesehen haben, ist aber der Raum im Bereich aller verlängerten Durchmesser nicht gekrümmt, sondern absolut gerade . Deswegen kann entlang dieser Linie überhaupt kein "Gefälle " und somit auch keine "Fallneigung " im Sinne der allgemeinen Relativitätstheorie bestehen , und genau deswegen könnte dort gemäß der allgemeinen Relativitätstheorie auch keine Gravitationswirkung vorhanden sein .

Das Experiment zeigt aber, daß dort wohl eine Gravitationswirkung vorhanden ist und deswegen das kleinere Objekt angezogen wird und sich in Richtung des größeren Objektes in Bewegung setzt , **und widerlegt somit die allgemeine Relativitätstheorie mit der behaupteten Raumkrümmung .**

7. In einer oben beschriebenen Ebene (Abb. 6) wäre z.B. in Richtung des Zentrums der Sonne bzw. des betreffenden Objekts kein "Gefälle " und somit auch keine " Fallneigung " im Sinne der allgemeinen Relativitätstheorie vorhanden, da dort der Raum , wie wir oben gesehen haben , nicht gekrümmt ist . Deswegen könnte dort gemäß der allgemeinen Relativitätstheorie auch keine Gravitationswirkung vorhanden sein .

Die **Planeten** liegen im übrigen innerhalb solcher Ebenen .

Für einen Planeten **in einer solchen Ebene** würde deswegen überhaupt kein "Gefälle "und somit keine " Fallneigung " in Richtung der Sonne bestehen **und deswegen müßte er gemäß der allgemeinen Relativitätstheorie frei von Gravitationswirkung und deshalb praktisch schwerelos sein . Deswegen könnte er sich aber dort erst gar nicht lange aufhalten, da er durch die Zentrifugalkraft weggeschleudert würde .**

Tatsächlich wissen wir aber durch die Beobachtung der Planeten, daß das keineswegs der Fall sein kann , da bekanntlich die gesamten Planeten unseres Sonnensystems seit ca. 4,6 Milliarden von Jahren auf weitgehend stabilen Bahnen innerhalb solcher Ebenen um unsere Sonne rotieren , da die jeweilige Zentrifugalkraft durch die jeweilige Gravitationskraft kompensiert wird . Tatsache ist also, daß alle Planeten ständig unter der Einwirkung der starken Gravitationskraft der Sonne stehen müssen, obwohl sie sich innerhalb solcher Ebenen bewegen.

8. Wir wissen alle , und das ist bekanntlich experimentell vielfach bewiesen, daß ein hochgeworfener Stein **senkrecht auf die Erde zurückfällt** .

Die Bahn des Steins entspricht aber gleichzeitig einem verlängerten Durchmesser der Erde, da sie senkrecht zur Oberfläche der Erde verläuft und somit durch das Zentrum der Erde läuft .

Wie wir oben gesehen haben , ist aber der Raum im Bereich aller verlängerten Durchmesser ganz gerade und keineswegs krumm .

Deswegen besteht da z.B. in Richtung der Erde überhaupt kein " Gefälle" bzw. keine " Fallneigung" im Sinne der allgemeinen Relativitätstheorie **und es müßte dort somit keine Gravitationswirkung vorhanden sein . Die Tatsache, daß der Stein auf die Erde zurückfällt zeigt aber, daß dort sogar eine eindeutige Gravitationswirkung vorhanden ist .**

9. Uns hilft auch die folgende Fragestellung , um uns dies alles besser klar zu machen :

Nach welcher Seite soll ein senkrecht auf die Sonne (d.h. genau in Richtung des Zentrums) gerichteter Strahl abgelenkt werden ? (s. Abb. 7) . Nach rechts, nach links , nach vorne oder nach hinten ? und wenn nach einer dieser Richtungen , würde sich dann die weitere Frage stellen warum ? Weshalb sollte eine Richtung bevorzugt werden ? Die einzige logische Antwort kann deswegen nur sein :

Dieser Strahl wird überhaupt nicht abgelenkt , sondern verläuft immer weiter in derselben Richtung. Dies bedeutet ebenfalls : **Der Raum in diesem Bereich kann nicht verbogen sein** .

Abb. 7

Die obigen Experimente zeigen also :   Daß die Idee der Raumkrümmung ad absurdum führt und somit absolut unmöglich ist , bei den Wechselwirkungen von 2 Himmelskörpern bzw. 2 Objekten eine angenommene

Raumkrümmung zu total falschen Ergebnissen führt, die keineswegs der Realität entsprechen , die Konvexität der Ablenkung bei verschieden großen relativ kleineren Körper verschieden ist , alle (verlängerte) Linien , die durch das Zentrum der Sonnenkugel (oder andere kugelförmige Objekte) verlaufen, gerade verlaufen müssen , alle (verlängerte) Ebenen, die durch das Zentrum der Sonnenkugel verlaufen ganz gerade und flach sein müssen, und bei einem nachweislich flachen und ungekrümmten Raum eine eindeutig nachweisbare Gravitationswirkung vorhanden sein kann (Diese Feststellungen gelten selbstverständlich nicht nur für die Sonne, sondern für alle kugelförmige Himmelskörper) .

Was bedeutet dies alles nun im Klartext ? **Dies beweist, daß der Raum in Realität überhaupt nicht krumm sein kann , und eine angenommene Raumkrümmung keineswegs das Phänomen und die Probleme der Gravitation lösen kann und nicht einmal als Modell geeignet ist .**

Außerdem beweist das , daß Gravitationswirkung auch bei fehlender Raumkrümmung vorhandnen sein kann .

Das Naturexperiment der Ablenkung der Lichtstrahlen eines Sterns, die an der Sonne vorbeiliefen, kam in Wirklichkeit, nicht etwa dadurch zustande, daß der Raum krumm ist, sondern dadurch, daß unter der Einwirkung der

Gravitationskraft der Sonne **die Lichtstrahlen angezogen und dadurch verbogen wurden** , es handelte sich also um die **Wechselwirkung von 2 Faktoren bzw. Kräften .**

 Wenn es sich bei den Lichtstrahlen des Sterns nicht um eine bewegliche , sondern um eine ruhende Sache gehandelt hätte, oder wenn die Lichtstrahlen direkt in Richtung des Zentrums der Sonne verlaufen wären , so wäre die Verbiegung nicht zustande gekommen .Es handelte sich also bei der damaligen Beobachtung mehr oder weniger um einen Glücks- bzw. Unglücksfall .

Wenn anstatt der Lichtstrahlen ein **ruhender Gegenstand** (z.B. ein Stein) , also etwas ohne Impuls , von der Sonne angezogen würde, so würde er **ganz gerade in Richtung des Zentrums** der Sonne fliegen und **senkrecht** auf die Sonnenoberfläche treffen .

Wenn aber ein Gegenstand sich bewegt , so entsteht eine **Wechselwirkung** zwischen der Bewegung und der Anziehungskraft der Gravitation , mit dem Ergebnis, daß die Bahn des Gegenstandes sich ändert, bzw. anders ausgedrückt mit dem Ergebnis, daß **die Bahn des Gegenstandes abgelenkt wird.** Dadurch kann dieser Gegenstand nur ausnahmsweise in Richtung des Zentrums der Sonne fliegen (nur wenn er sich auch vorher in Richtung des Zentrums der Sonne bewegte oder wenn seine Bahn vorher nur geringfügig von dieser Richtung abwich , sodaß sie nunmehr durch die Einwirkung der Gravitation in Richtung des Zentrums verläuft) , sodaß **die resultierende Bahn fast immer schräg zur Sonnenoberfläche verläuft .** Es entsteht dann der falsche Eindruck , der Raum wäre krumm .

Durch die Anziehungskraft der Gravitation kommt somit ein Effekt zustande, der vergleichbar ist mit einer Linse , derart, daß alle Strahlen , die in Richtung Zentrum laufen, nicht abgelenkt werden, sondern nur alle andere Strahlen , die nicht in Richtung des Zentrums , sondern schräg oder tangential zur Oberfläche verlaufen .

Dies hat mit einer Raumkrümmung überhaupt nichts zu tun, genauso wenig wie bei einer Linse .

Selbstverständlich gelten alle diese Feststellungen nicht nur für die Sonne, sondern für alle Sterne und sonstige kugelförmige Himmelskörper , die über eine Gravitation verfügen.

Zusammengefaßt bedeutet dies alles :

1. Alle Strahlen, die genau in Richtung des Zentrums eines kugelförmigen Himmelskörpers verlaufen (entlang eines Durchmessers , d.h. sozusagen als verlängerte Durchmesser) ,verlaufen gerade und werden nicht verbogen , während alle andere Strahlen (die nicht durch das Zentrum laufen) verbogen werden .

2. Wenn ein Gegenstand ohne Impuls in die Nähe eines kugeligen Himmelskörpers kommt, so wird er durch die Gravitation des Himmelskörpers so

angezogen , daß er ganz gerade in Richtung des Zentrums dieses Himmelskörpers fliegt .

3. Wenn ein Gegenstand mit einem Impuls oder ein Strahl in die Nähe eines kugeligen Himmelskörpers kommt, so entsteht eine Wechselwirkung zwischen seinem Impuls und der Gravitation, derart, daß die Bahn des Gegenstandes bzw. des Strahls abgelenkt wird sodaß sie dann meistens schräg zur Oberfläche des Himmelskörpers verläuft . Dadurch entsteht der falsche Eindruck, der Raum wäre krumm.

Wir sehen also, daß die Idee der angeblichen Raumkrümmung nicht zu Ende gedacht war, und konnte deswegen durch Experimente und Gedanken, die jedoch im Gegensatz dazu, zu Ende gedacht sind, widerlegt werden .

Es handelt sich also auch bei der Annahme von Raumkrümmung um einen großen Irrtum .

Besonders gravierend ist aber , daß sie zusammen mit den Relativitätstheorien von Einstein , die ebenfalls nicht richtig und ebenfalls ca. 100 Jahre alt sind, in dieser Zeit bereits zu erheblichen Folgefehlern , zu erheblichen Verwirrungen und zu wirtschaftlichen Schäden bzw. Kosten in Höhe von Milliarden Dollar geführt haben (wegen der

näheren Einzelheiten s. mein Buch „ Sind die Relativitätstheorien von Einstein richtig?, meine energetische Relativitätstheorie").

Hier ist zu erwähnen z.B. die in falscher Richtung gegangene und **äußerst kostspielige Erforschung der Gravitationswellen** , wobei man für Gravitationswellen Wellenlängen im Meter- bzw. sogar Kilometerbereich angenommen haben soll , sehr lange Tunnel unter der Erde ausgegraben und Millionen Dollar investiert hat .

Wie wir noch sehen werden, sind aber diese Annahme und diese Experimente völlig abwegig und von vornherein zum Scheitern verurteilt . Wir wissen, daß z.B. jedes Atom und sogar die Bestandteile der Atome wie Protonen über ein Gewicht verfügen, d.h. sie sind trotz ihrer Winzigkeit durchaus in der Lage Gravitationswellen zu empfangen . Wie sollten nun die äußerst winzigen Atome oder sogar Protonen Gravitationswellen im Meter- oder Kilometerbereich empfangen können?

Es sind Ausdrücke entstanden wie **Schockwellen** und Annahmen, daß die Gravitationswellen **diskontinuierlich** emittiert werden sollen .
Man versucht ferner immer noch von Himmelskörpern Gravitationswellen zu empfangen, die Lichtjahre von uns entfernt sind , eine Sache , die ebenfalls von vorn herein völlig unmöglich ist, wie wir in den nächsten Kapiteln sehen werden .

Man hat **schwarze Löcher** angenommen , die hornartig ausgezogen sein sollen . Man hat Wurmlöcher angenommen , durch die es möglich sein soll in andere Welten zu gelangen.

Man hat **Modelle des Universums** konstruiert mit sattelförmigen und anderen bizarren Krümmungen und Deformierungen und vielen Dimensionen .

Man hat also schon Milliarden Dollar sozusagen in den Sand gesetzt, für die Erforschung von Projekten, die von vorn herein zum Scheitern verurteilt waren, da sie auf Fehlannahmen beruhten .

Kapitel 8

Ist das Prinzip der Äquivalenz der Trägheit und Schwere richtig?

Schon am Anfang dieses Kapitels möchte ich Ihnen verraten, daß das sogenannte **"Prinzip der Äquivalenz von Trägheit und Schwere "** nachweislich nicht zutreffend ist.** Es ist insbesondere nicht zutreffend, daß für einen Beobachter bzw. Betroffenen unmöglich und durch keinerlei Experimente nachweisbar wäre zu unterscheiden, ob er eine gleichmäßig beschleunigte Bewegung ausführt, oder ob er sich in einem Gravitationsfeld befindet .

U.a. die nachfolgenden 7 Beispiele bzw. Experimente zeigen und beweisen genau das Gegenteil, nämlich, daß ein Betroffener bzw. ein Beobachter sehr wohl in der Lage ist, experimentell zu unterscheiden, ob er gerade eine gleichmäßig beschleunigte Bewegung ausführt, oder ob er sich in einem Gravitationsfeld befindet und deswegen beschleunigt wird :

1. Durch Spüren am eigenen Körper :

a. **Gleichmäßig beschleunigte Bewegung :** Wenn man in einem sich **gleichmäßig nach vorne beschleunigenden Auto** sitzt , wird man bekanntlich **auf die Rücklehne des Sitzes (d.h. in Gegenrichtung) gedrückt** , während man nach vorne beschleunigt wird. (Dies wird besonders deutlich , krass und brutal demonstriert durch eine **Schleudertrauma der Halswirbelsäule** bei Autounfällen durch Heckaufprall , indem die Halswirbelsäule mit massiver Wucht nach hinten, d.h. in Gegenrichtung , geschleudert wird).

b. **Gravitation :**   Wenn man von irgendwo **herunter springt , wird man nur beschleunigt , ohne aber in Gegenrichtung einen Druck zu spüren .**

Somit ist sogar durch ein alltägliches Experiment bzw. Erlebnis immer wieder feststellbar, ob man eine gleichmäßig beschleunigte Bewegung ausführt, oder ob man durch ein Gravitationsfeld beschleunigt wird . Dadurch wird fast täglich die allgemeine Relativitätstheorie von Einstein experimentell und somit nachweislich widerlegt .

2. Durch Lageänderung :

a. Wenn die Ursache der Beschleunigung eine **Gravitation** war, so **ändert sich die Beschleunigung durch Lageänderung : Bei der Annäherung an eine Gravitationsquelle** (z.B. die Sonne) **muß die Beschleunigung stark zunehmen** , da gemäß der Newtonschen Gravitationsformel die Anziehungskraft bei kleinerem Abstand erheblich größer ist als bei größerem Abstand (r^2 im Nenner der Gravitationsformel) , und **umgekehrt bei größer werdender Entfernung muß die Beschleunigung erheblich abnehmen , da die Anziehungskraft stark abnimmt .** Unser Planetensystem ist ein gutes Beispiel dafür : Der sonnennächste Planet Merkur muß erheblich schneller die Sonne umkreisen, da zur Kompensation der in der Nähe der Sonne sehr starken Gravitation der Sonne eine entsprechend starke Zentrifugalkraft benötigt wird , um auf der Umlaufbahn bleiben zu können , während z.B. der früher als planet bezeichnete Neptun erheblich langsamer die Sonne umkreist, da dort bei dieser starken Entfernung die Gravitation der Sonne erheblich schwächer ist und somit eine erheblich schwächere Zentrifugalkraft erforderlich ist .

b. **Bei einer normalen gleichmäßig beschleunigten Bewegung** wird aber die **Beschleunigung sich dadurch nicht ändern,** da die Kraft konstant bleibt .

Deswegen ist ein Beobachter experimentell und auch bei geschlossenen Augen sehr wohl in der Lage festzustellen , ob er eine gleichmäßig beschleunigte Bewegung ausführt, oder ob er sich in einem Gravitationsfeld befindet .

3. Durch eine drastische Massen- bzw. Gewichtsreduktion (z.B. Hinauswerfen von großen mitgeführten Gewichten aus dem Raumschiff) :

Bei einer normalen gleichmäßig beschleunigten Bewegung werden dadurch die Beschleunigung und Geschwindigkeit zunehmen (da gemäß dem 2. Axiom von

Newton die konstant wirkende Kraft bei reduzierter Masse zu Erhöhung der Beschleunigung führt) **während das bei einer Gravitation nicht der Fall ist** (da die Anziehungskraft dadurch nicht größer wird, sondern abnimmt , denn gemäß der Newtonschen Gravitationsformel m 2 im Zähler der Formel geringer wird und somit auch die Anziehungskraft).

Deswegen ist auch durch dieses Experiment ein Beobachter sogar bei geschlossenen Augen sehr wohl in der Lage festzustellen , ob er eine gleichmäßig beschleunigte Bewegung ausführt, oder ob er sich in einem Gravitationsfeld befindet .

4. Durch drastische Massen- bzw. Gewichtserhöhung (z.B. durch Ankopplung bzw. Vereinigung von großen Raumschiffen miteinander) :

Bei einer normalen gleichmäßig beschleunigten Bewegung werden dadurch umgekehrt die Beschleunigung und Geschwindigkeit abnehmen (da gemäß dem 2. Axiom von Newton die konstant wirkende Kraft bei erhöhter Masse zur Abnahme der Beschleunigung führt) **während das bei einer Gravitation nicht der Fall ist .**

Somit ist auch durch dieses Experiment ein Beobachter sogar bei geschlossenen Augen ebenfalls sehr wohl in der Lage festzustellen , ob er eine gleichmäßig beschleunigte Bewegung ausführt, oder ob er sich in einem Gravitationsfeld befindet .

5. Durch den positiven Nachweis der Gravitationswellen, die mit der Beschleunigungsrichtung übereinstimmen (sobald die Technik soweit ist) ,**bei einer Beschleunigung durch Gravitation , und durch den negativen Nachweis** solcher Wellen **bei einer normalen beschleunigten Bewegung .**

6. Durch Kollision bzw. Nichtkollision :

a.   Bei einer **Gravitation** führt die beschleunigte Bewegung nach einer gewissen Zeit zu **Kollision .**

b.   Bei einer **normalen beschleunigten Bewegung bleibt die Kollision aus .**

7. Eine Gravitation erfordert eine 2. Masse , damit die Wirkung sichtbar wird , während bei einer normal beschleunigten Bewegung dies nicht erforderlich ist und die Kraft direkt wirkt. Somit ist auch hier der Unterschied durch Experiment nachweisbar .

Das sogenannte "Prinzip der Äquivalenz von Trägheit und Schwere " ist also nachweislich nicht zutreffend, d.h. eine Gravitation und eine normale gleichmäßig beschleunigte Bewegung sind also keineswegs äquivalent , genauso wenig wie z.B. ein heißes Bügeleisen und heißes Wasser äquivalent wären, nur weil sie beide heiß sind .

Im übrigen ist u.a. auch deswegen schon das Grundpostulat von Einstein zwecks Ableitung der Raumkrümmung in seiner allgemeinen Relativitätstheorie **bzw. sozusagen das Fundament der allgemeinen Relativitätstheorie von Einstein nicht richtig , sodaß schon dadurch die gesamte allgemeine Relativitätstheorie von Einstein in sich zusammenbricht** (Näheres s. mein Buch „ Sind die Relativitätstheorien von Einstein richtig?, meine energetische Relativitätstheorie“).

Kapitel 9

Hatte Galilei Recht?

Ist die Behauptung von Galilei, daß die gleichförmig gegeneinander bewegten Bezugssysteme gleichwertig seien, richtig?

Es soll danach unmöglich sein zu unterscheiden, ob ein Bezugssystem sich in absoluter Ruhe befindet, oder ob es sich mit einer konstanten Geschwindigkeit geradlinig bewegt .

Die Physik hält bis heute d.h. ca. 400 Jahre nach Galilei immer noch daran fest, aber dies besagt keineswegs, daß das deswegen richtig sein muß.

Haben Sie schon darüber nachgedacht, welche Probleme diese Behauptung aufwirft?

Anhand der 2 folgenden sehr einfachen Beispiele möchte ich versuchen ,die aufgeworfene Problematik klar und für jedermann verständlich zu machen :

1. Nehmen wir einmal an ,daß Sie in einem **stehenden Zug** z. B. in München sitzen , und   auf dem

Nebengleis sich ein Zug z.B. in Richtung Stuttgart bewegt . **Wenn Sie den sich bewegenden Zug fixieren würden, so würden Sie plötzlich den Eindruck bekommen , daß <u>Sie</u> sich mit Ihrem Zug bewegen und der andere sich tatsächlich in Bewegung befindlichen Zug auf dem Nebengleis steht .** Diese Systeme können aber keineswegs gleichwertig sein, da der andere sich bewegende Zug auf dem Nebengleis etwas später tatsächlich in Stuttgart ankommt, während Sie immer noch in München sitzen. Diese 2 Systeme waren also **keineswegs gleichwertig**, wie die Tatsachen es zeigten.

2. Sie kennen sicherlich das sogenannte **Zwillingsparadoxon** : Wenn einer der Zwillinge sich mit sehr großen Geschwindigkeit nahe der Lichtgeschwindigkeit von der Erde wegbewegen würde und nach einer gewissen Zeit zur Erde zurückkehren würde, würde er feststellen, daß sein Zwillingsbruder auf der Erde erheblich älter geworden ist als er .

Wenn beide Systeme gleichwertig wären, so würde sich die Frage erheben, weshalb nicht der andere Bruder , der mit großer Geschwindigkeit auf die Reise gegangen ist nicht älter geworden ist als sein Bruder , der auf der Erde geblieben ist, zumal aus seinem Gesichtpunkt die Erde (mit seinem Bruder darauf) sich mit großer Geschwindigkeit wegbewegt hat und nicht er .

(Es wurden bewußt viele Fachausdrücke und Besonderheiten der Beispiele weggelassen und die Sachen sehr vereinfacht und schematisiert dargestellt, um den Sachverhalt möglichst für jedermann besser verständlich zu machen)

Wir sehen also, daß Galilei keineswegs Recht hatte und seine Behauptung nicht ganz zutreffend ist.

Wir müssen aber bedenken daß wir im Universum (bis jetzt!) keinen festen Orientierungspunkt d.h. keinen fixen Punkt haben, da wir bisher nicht wissen, wo z.B. das Zentrum des Universums ist.

Ich habe jedoch Theorien und Methoden entwickelt, mit deren Hilfe man experimentell feststellen kann, wo das Zentrum des Universums sich befindet.

Sobald wir die Lokalisation des Zentrums des Universums gefunden haben und somit einen fixen Orientierungspunkt haben, wird die Behauptung von Galilei endgültig und total widerlegt und wird sich als völlig falsch herausstellen, da wir ab dem Zeitpunkt definitiv und klar sagen können, was sich tatsächlich und wie viel bewegt , und was nicht.

Kapitel 10

Ist das Newtonsche

Gravitationsgesetz richtig?

Schon als Gymnasialschüler war ich ein Bewunderer von Newton ,und seine Gesetze haben mich fasziniert. Das Gravitationsgesetz von Newton ist zweifellos eine der großartigsten   Leistung unserer Astronomie und Physik gewesen und stellte einen großen Meilenstein in der Geschichte der Astronomie und Physik dar.
Später , als ich mich intensiver mit der Materie beschäftigte , kamen mir jedoch zunehmend Zweifel an der Richtigkeit seines Gravitationsgesetzes auf .
Die nachfolgend beschriebene Theorie habe ich schon Ende der 70iger Jahre bzw. Anfang der 80iger Jahre entwickelt , jedoch erst jetzt habe ich   mich zu einer   Publizierung entschieden, da ich an einigen weiteren Theorien arbeitete, die damit teilweise zusammenhingen.

Newton hat damals sein   Gravitationsgesetz bzw. seine Gravitationsformel entwickelt aufgrund von Beobachtungen der Planetenbahnen und -bewegungen **innerhalb** unseres

Sonnensystems und natürlich aufgrund von dem damaligen Kenntnisstand der Wissenschaft .

Seitdem sind ca. 3,5 Jahrhunderte vergangen , es sind in der Zwischenzeit viele weitere Beobachtungen und viele Entdeckungen gemacht worden und der Wissensstand hat sich erheblich weiter entwickelt. Deswegen wollen wir uns überlegen , ob die Gravitationsformel von Newton noch richtig und haltbar ist.

Newton ist in seinem Gravitationsgesetz davon ausgegangen, daß die Gravitation eines Körpers (in seiner unmittelbaren Nähe, also unter der Weglassung des Faktors Entfernung) *konstant* und nur abhängig ist von seiner *Masse:*

$$F = G \cdot \frac{m_1 \cdot m_2}{r^2}$$

Ist die Gravitation aber wirklich konstant?

Bevor ich diese Frage beantworte, möchte ich anhand von sehr einfachen nachfolgenden Beispielen und Gesetzen die Wechselwirkungen zwischen **Energie** und **Schwingungen einschließlich der elektromagnetischen Wellen** für jeden besser anschaulich und verständlicher machen , ohne dabei auf viel unnötigen physikalischen Ballast und unnötige Formeln einzugehen :

1. Eine **Schaukel** stellt eine sehr einfache Schwingung dar . Wir wissen alle , daß wenn wir einer Schaukel **Energie zuführen** indem wir z.B. der Schaukel (in Richtung der Bewegung) einen zusätzlichen Stoß geben , die

Schaukelbewegungen   d.h.   die **Schwingungen intensiver** werden.

2. **Trillerpfeife**: Wenn wir den Druck erhöhen , d.h. kräftiger blasen (= **Energieerhöhung**) wird die Pfeife bekanntlich lauter , d.h. die **Schwingungen werden intensiver.**

3. **Musikinstrumente**:
Bei einem **Klavier** führt ein festerer Anschlag zu lauteren Klängen   , was   gleichbedeutend   ist   mit   einer **Intensivierung der Schwingungen.**

Bei den **Streichinstumenten**   führt ein festeres Ziehen des Bogens (**Energieerhöhung**) zu lauteren Tönen d.h. zu **intensiveren Schwingungen**).

Bei den **Blasinstrumenten** wird durch ein kräftigeres Blasen die Lautstärke des Instruments ebenfalls erhöht , was gleichbedeutend ist mit **einer Intensivierung der Schwingungen (bei sehr starkem Blasen entsteht sogar die höhere Oktave , d.h. eine Frequenzzunahme der Wellen bzw. eine Abnahme der Wellenlänge , vergl. Analogie zu elektromagnetischen Wellen).**

Bei einer **Pauke** ist das Lauterwerden des Klangs durch festeres Schlagen besonders eindrucksvoll.

Dies   alles   bedeutet   und   demonstriert   sehr eindrucksvoll, daß bei einer Energieerhöhung die Schwingungen intensiver werden.

4. **Beim Sprechen und Singen** wird bekanntlich durch Druckerhöhung die Lautstärke erhöht, d.h. **die Erhöhung der Energie führt auch hier zur Intensivierung der Schwingungen.**

5. Eine Glühbirne wird heller, bei einer Erhöhung der Spannung, was gleichbedeutend ist , daß auch hier bei einer **Erhöhung der elektrischen Energie** (die bekanntlich auch proportional abhängig ist von der Spannung.) die emittierte **elektromagnetische Abstrahlung (Licht) intensiver wird.**

6. Röntgenstrahlung: Eine Erhöhung der Spannung der Röhre führt zu Entstehung intensiverer energiereicheren (härteren) Strahlung, bei gleichzeitiger Frequenzzunahme. Die Eindringtiefe der Strahlung nimmt zu .

7. Stefan–Bolzmannsches Gesetz: Danach **nimmt die abgestrahlte Leistung zu** sogar **mit der 4. Potenz der absoluten Temperatu**r, d.h. sie ist stark **Temperatur-** und somit **Energieabhängig.**

8. und sicherlich nicht zuletzt das **Strahlungsgesetz des schwarzen Körpers** (s. unten).

Das alles bedeutet, daß eine <u>Energieerhöhung</u> zu Entstehung von <u>intensiveren </u>Schwingungen bzw. elektromagnetischen Wellen führen

Wir wissen, daß die Gravitation sich durch **Gravitationswellen** ausbreitet. Sie **gehören zum Spektrum der Elektromagnetischen Wellen**, mit einer enorm kleinen Wellenlänge. (**vergl. meine wissenschaftlichen Arbeiten über Gravitationswellen**) .

Wir kennen alle aus der Physik das **Strahlungsgesetz des schwarzen Körpers bzw. die Hohlraumstrahlung** . **Danach nimmt die Intensität der Lichtes (die Energie**

**bzw. die Leistung) zu, wenn die Temperatur erhöht wird,
wobei gleichzeitig die Wellenlänge abnimmt .**
Die nachfolgende Graphik macht dies anschaulich :

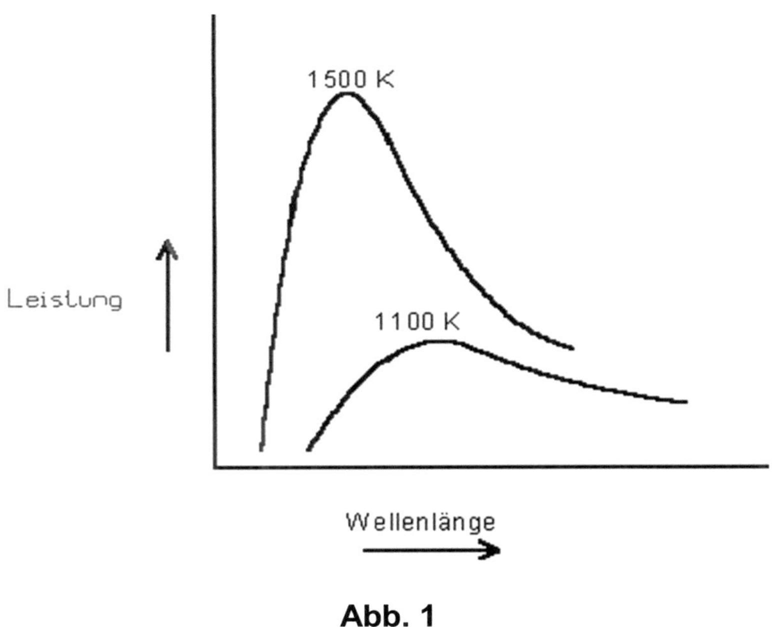

Abb. 1

Wir wissen alle z.B. wenn wir einen Gegenstand (z.B.
Eisen, Holz usw.) erhitzen, daß das Licht intensiver wird und
bei einer stärkeren Erhöhung der Temperatur das
aufgetretene Licht bzw. die aufgetretene Flamme mehr und
mehr eine bläuliche Farbe annimmt , d.h. **bei einer
Erhöhung der Temperatur (Energie) wird das *Licht
stärker* und die *Wellenlänge* wird zunehmend *kürzer*
(blau) .**

88

Wir wissen, daß dieses Gesetz gültig ist nicht nur für Licht, sondern auch für die übrigen elektromagnetischen Wellen . Also **muß** dieses Gesetz auch gültig sein für die Gravitationswellen .

Dies alles bedeutet im Klartext, daß bei einer Erhöhung der Energie bzw. bei einem höheren Energiezustand, die Intensität und somit die Energie der Gravitationswellen zunimmt , was gleichbedeutend ist mit einer Zunahme der Gravitation. Gleichzeitig nimmt auch die Wellenlänge der Gravitationswellen ab, was gleichbedeutend ist mit einer größeren Reichweite.

Die Gravitation eines Körpers ist also nicht konstant und ist abhängig von seinem Energiezustand. Ein Körper in einem normalen Energiezustand hat eine Gravitation , die nach der Formel von Newton berechnet werden kann. Es handelt sich um eine Grundgravitation. Bei einer Änderung des Energiezustandes dieses Körpers (z.B. starke Erhöhung der Temperatur) ändert sich die Gravitation entsprechend des jeweiligen Energiezustandes . Jeder Körper verfügt also über eine **Grundgravitation** und eine **potentielle zusätzliche Gravitation** , die freigesetzt werden kann bei einer Erhöhung des Energiezustandes. Bei dieser potentiellen Gravitation handelt es sich also um eine Art **eingefrorene zusätzliche Gravitation, die freigesetzt werden kann.**

Wir wollen nun versuchen dies in einer Formel darzustellen:
Wir haben nach dem Newtonschen Gravitationsgesetz:

$$F = G \cdot \frac{m1 \cdot m2}{r^2}$$

Wir müssen nun diese Formel ergänzen durch Einfügen von jeweils einem   variablen Parameter   E 1 und E2 (Energiezustand), der jeweiligen Körper mit der Masse m1 und m2, wobei E 1 und E2   um so größer sind , je größer der jeweilige Energiezustand ist.
Die von mir entwickelte neue Formel (Gravitationsformel von Bahrami) sieht dann so aus:

$$F = G \cdot \frac{m1 \; E1 \cdot m2 \; E2}{r^2}$$

Die jeweiligen Werte der E 1 und E2 müßten noch durch astronomische Beobachtungen und Berechnungen ermittelt werden.   Bei normalem Energiezustand beträgt dieser Parameter jeweils 1 , wobei dann das Ergebnis gleich ist, wie bei der Anwendung der Newtonschen Formel . Bei dem Energiezustand der Galaxien müßte dieser Parameter insgesamt mindestens 10 betragen . Dieser Parameter erreicht sein Maximum, wenn die gesamte Masse in Energie umgewandelt wird , d.h. die gesamte Energie der Masse frei wird und somit ihre volle Wirkung entfalten kann. Das ist der Fall z.B. am „ Ende" des Universums , wenn die Expansion in Kontraktion übergeht .

Dies alles bedeutet zusammengefaßt im Klartext, **daß die Gravitation eines Körpers (außer der Abhängigkeit von der Entfernung) nicht konstant ist, d.h. nicht nur von der Masse abhängt, sondern auch mit dem Energiezustand des Körpers zusammenhängt , setzt sich also zusammen aus einer Grundgravitation und einer eingefrorene zusätzliche potentielle Gravitation .**

Das bedeutet auch ,daß durch Energiefreisetzung (M → E) eine **erhebliche zusätzliche** Gravitation freigesetzt wird . Das Maximum an Gravitation wird freigesetzt bei einer totalen Umwandlung der Masse in Energie.

Der Grund für dieses Phänomen ist, daß es sich bei den Gravitationswellen um Energiewellen handelt. Solange die Energie in Materie gebunden ist , ist die Gravitation gering, solbald aber die Energie frei wird, muß auch die Gravitation erheblich größer werden.

Ein Laie , der dieses Buch liest, kann sich dies z.B. ganz einfach anhand von dem folgenden banalen Beispiel klarmachen :
z.B. ein stehendes Auto kann Fähigkeiten entfalten, die zunächst nicht wahrnehmbar sind, nämlich Bewegen bzw. Fahren . Diese Fähigkeiten treten erst bei einer Änderung des Energiezustandes , nämlich beim Gasgeben in Erscheinung .

Wegen einer unfassenden Darstellung der Gravitatioinswellen und ihrer Eigenschaften und zum besseren Verständis dieser faszinierenden Phänomene wird verwiesen auf **meine wissenschaftlichen Arbeiten über die Gravitationswellen** und ferner auf **meine Bücher „Sind die Relativitätstheorien von Einstein richtig?, meine energetische Relativitätstheorie „** und **„Revolution der Astronomie und Physik „** .

Durch diese Theorie von mir werden einige bisher nicht lösbar erscheinende nachfolgend beschriebene Phänomene erklärbar und diese Theorie wird gleichzeitig dadurch bewiesen , z.B.

1. Wir wissen, daß die berechnete **Masse der einzelnen Galaxien** nur ca. **3-4 %** der Masse beträgt, die erforderlich wäre , um die Galaxie aufgrund der nach der Newtonschen Gravitationsformel berechneten Gravitationskraft zusmmenzuhalten. **Nach meiner Gravitationstheorie wird verständlich, daß diese berechnete Masse völlig ausreicht um die erforderliche zusätzliche Gravitationskraft zu liefern,** da die Galaxien sich in einem sehr hohen Ernergiezustand befinden z.B. durch die enorm hohen Temperaturen insbesondere im Kern der Galaxien, durch enorm hohen Druck, und die durch Strahlung freigesetzte Energie usw. Ohne meine Theorie würden die Sterne der Galaxien auseinanderfliegen bzw. aus der Galaxie ausbrechen.

2. Es war ebenfalls bisher unklar, **weshalb die gesamten Milliarden Sterne einer Galaxie an der Rotation der Galaxie teilnehmen. Meine Theorie macht dies**

ebenfalls verständlich und liefert die zusätzliche dafür erforderliche Gravitationskraft.

3. Auch die **äußerst schnelle Rotationsgeschwindigkeit** von ca. 250 Km/ s (wohl gemerkt nicht pro Stunde sondern pro Sekunde !!!!) , die in Relation zu der bisher berechneten Gravitationskraft einer **Galaxie** zu schnell erschien, **wird durch meine Theorie verständlich**. Diese schnelle Rotationsgeschwindigkeit ist erforderlich zur Erzeugung der sehr starken und in dieser Stärke erforderlichen starken Zentrifugalkraft , zur Kompensation der nach meiner Formel berechneten starken Gravitation der Galaxie   , damit die einzelnen Sterne der Galaxie sozusagen auf der Bahn gehalten werden und nicht durch die sehr starke Gravitationskraft des Zentrums der Galaxie in das Zentrum   fallen   bzw. sich   dem Zentrum   stark nähern .

4. **Ein weiterer Beweis für meine Theorie hat die neuen Beobachtungen des Hubble-Teleskops geliefert**: Einige Galaxien sind am Himmel mehrfach abgebildet, weil deren Licht durch eine davor liegende Galaxie durchgegangen ist und diese Galaxie wie eine **Linse** gewikrt hat (sogenannten Einsteinschen Linse) . Es ist durch das Hubble-Teleskop z.B. eine Photographie gelungen , worauf eine Galaxie hierdurch 5 –fach abgebildet zu sehen ist.
Dadurch kann nunmehr die Gravitation der als Linse gewirkten Galaxie aufgrund der berechneten Masse der Galaxie   und   der   Newtonschen   Gravitaionsformel berechnet werden. Diese Berechnung hat aber ergeben, daß diese Berechnung nur   ca. **3-4 %** der für diese Abbildungen erforderlichen Gravitation liefert, sodaß als

eine Art Notlösung eine (nur vermutete und erst gar nicht
vorhandene   ) Art dunkle Materie bzw. dunkler Staub !!
unterstellt wurde.
**Meine Theorie löst auch dieses Problem und liefert
die fehlende Gravitationskraft. Dies ist gleichzeitig
ein weiterer Beweis für meine Theorie.**

5. Nach den Berechnungen der Astronomen   , die die
gesamte **Masse des Universums** berechnet haben, liefert
die gesamte Masse des Universums nur ca. **4 %** der
erforderlichen Gravitationskraft , die für die Rückkehr des
Universums erforderlich wäre, wenn die Newtonsche
Gravitationsformel zugrundegelegt würde. **Meine Theorie
liefert auch hier die scheinbar fehlende Gravitation
und beweiset gleichzeitig, daß die berechnete Masse
für die Rückkehr des Universums ausreichend wäre
(vergl. auch mein Buch „ Das Geheimnis der
Enstehung des Universums, meine DPNS-Theorie „).**

**Das   Universum verfügt somit über riesige
bisher unahnbare Gravitationsreserven .**

Um die eingangs gestellte Frage abschließend zu
beantworten:
**Das Newtonsche Gravitationsgesetz ist
<u>nicht</u> richtig und muß dringend wie oben
dargestellt korrigiert werden .**

Kapitel 11

Die Gravitationswellen

Ist die Wellenlänge der Gravitationswellen besonders lang oder sehr kurz?

Wieso kann die Gravitation über so große Distanzen übertragen werden ?

Können die Gravitationswellen gemessen werden ?

Die Gravitationsformel von **Newton** stellte einen großen Meilenstein in der Geschichte der Astronomie dar und war zweifellos eine der größten Leistungen in der Astronomie überhaupt.

Die Leistung war so großartig und die Begeisterung so groß, daß jegliche Überlegungen über das „ Wie" bzw. über die Art der **Übertragung der Gravitation** völlig in den Hintergrund geriet, ganz abgesehen davon ,daß die damalige Zeit für eine Beantwortung dieser Frage zweifellos total überfordert gewesen wäre, da damals nicht einmal nähere Einzelheiten z.B. über das Licht bekannt waren.

Wir wissen ferner aus der Entwicklungsgeschichte und aus der Entwicklung der Technik, daß Entwicklungen und die Entdeckungen **stufenweise** vor sich gehen und **aufeinander aufbauen.**

Es waren insbesondere einige Astronomen und Physiker des 20. Jahrhunderts, die sich ausführlich mit der Übertragung der Gravitation von einem Körper zu dem anderen beschäftigten und sich bemühten , **Gravitationswellen** nachzuweisen.

Im Rahmen de Kapitels 12 werde ich ausführlich darstellen , **mit welchen großen gedanklichen Fehlern diese Versuche behaftet waren und sind, und daß der eingeschlagene Weg nicht weiter führen konnte und auch nicht weiter führen kann.**

Nachfolgend im Rahmen dieses Kapitels möchte ich jedoch zunächst näher auf die Gravitationswellen eingehen und auch meine persönliche Ansichten über die Gravitationswellen darstellen :

Eines möchte ich aber zunächst vorweg schicken :

Es ist vielfach die Meinung geäußert worden, daß die Gravitationswellen emittiert werden nur bei Änderungen des Gravitationsfeldes , also **diskontinuierlich** .

Das ist aber völlig ausgeschlossen, da die Gravitation laufend wirksam ist und für das wirksam werden der Gravitation der laufende Empfang der emittierten Gravitationswellen erforderlich ist, oder glauben Sie wirklich an Raumkrümmung ?

Im Rahmen des Kapitels 7 dieses Buches konnte ich allerdings zeigen und beweisen , daß der Raum nicht krumm ist und auch nicht krumm sein kann . Die Gravitationswellen müssen also **kontinuierlich** emittiert werden **(vergl. Auch mein Buch" Sind die Relativitätstheorien von Einstein richtig?, meine energetische Relativitätstheorie"** .

Die Gravitationswellen müssen insbesondere folgende Eigenschaften haben:

1. **Sie müssen sich sehr weit ausbreiten können**

2. **Sie müssen durch die Materie durchgehen können, auch durch sehr dicke Materie, wie z.B. durch Planeten**

Schauen wir uns einmal **das Spektrum der elektromagnetischen Wellen** auf der nachfolgenden Tabelle an , wobei **die Wellenlänge von oben nach unten immer kleiner wird:**

Radiowellen
Mikrowellen
Infrarotstrahlung
Sichtbares Licht
Ultraviolettstrahlung
Röntgenstrahlung
Gammastrahlung

Es fällt ferner auf , daß bei wechselnder Wellenlänge die Eigenschaften sich total ändern können.

Z.B. UV-Strahlen haben im Gegensatz zum sichtbaren Licht **karzinogene Eigenschaften (maligne Melanome)** , Rö.-Strahlen können durch den Körper durchgehen (Rö.-Bilder), Gamma-Strahlen gehören zu den **Radioaktiven Strahlen** usw.

Bei den Gravitationswellen muß es sich um Wellen mit **extrem kleiner Wellenlänge** handeln, da wie wir oben festgestellt haben, sie sich **über sehr große Distanzen** ausbreiten können und über eine enorm **große Durchdringungskraft** verfügen müssen , d.h. durch die Materie gehen können. Es ist ferner davon auszugehen, daß sie sich einordnen lassen auf die Skala der elektromagnetischen Wellen.

Die Gravitationswellen sind deswegen nach meiner Ansicht anzusiedeln im untersten Bereich des Spektrums der elektromagnetischen Wellen, nämlich unterhalb der Gamma-Wellen .

Die Eigenschaften sind wieder ganz anders, d.h. sie übertragen die Gravitation und sind keineswegs etwa radioaktiv, genau so wenig , wie das normale Licht.

Es ist von einigen Wissenschaftlern behauptet worden, daß es sich bei den Gravitationswellen um Wellen mit besonders großer Wellenlänge handelt würde (es ist sogar die Rede von Wellenlängen von mehreren Kilometern) .

Jedoch schon durch die folgende einfache logische Überlegung läßt sich diese Behauptung widerlegen :

Wie wir wissen und wie außerdem nachfolgend gezeigt werden wird, **entstehen Wellen durch Schwingungen** . Es ist ferner sehr logisch, daß durch die Schwingungen **kleiner** Teile ,Wellen mit **kleiner** Wellenlänge entstehen und durch die Schwingungen **großer** Teile , Wellen mit **großer** Wellenlänge entstehen .

Genau deswegen sind die Baßsaiten eines Flügels oder Klaviers erheblich länger als die Saiten, die die hohen Töne erzeugen , da die Bässe bekanntlich eine größere Wellenlänge haben . Genau deswegen sind auch die Saiten eines Cellos länger als die Saiten einer Geige , und genau deswegen klingt ein Cello tiefer als eine Geige .

Schon jedes Atom , jeder Atomkern und jedes Elektron muß auch über eine Gravitation verfügen, da sie auch über eine Masse verfügen . Deswegen müssen die Gravitationswellen in den Atomen bzw. in ihren Bestandteilen entstehen können .

Da die Atome und erst recht ihre Bestandteile äußerst klein sind, sind sie nur in der Lage Wellen mit äußerst kleiner Wellenlänge zu erzeugen und keineswegs etwa Wellen mit großer Wellenlänge .

Wir wissen ziemlich viel über die anderen Elektromagnetischen Wellen, während wir über die Gravitationswellen fast gar nichts wissen.

Z. B. wir wissen , daß die **Radio-Wellen durch die Schwingungen der losen Elektronen** zustande kommen, die **Ultraschallwellen durch die Schwingungen der**

Kristalle, ferner daß **das Licht durch die sogenannte Quantensprünge der Elektronen der äußeren Schale der Atome** entsteht, d.h. durch Elektronensprünge zwischen der äußersten Schale und der darunter liegenden Schale, die **Rö.-Strahlen durch Quantensprünge der Elektronen der inneren Schalen der Atome** und die **Gamma-Srahlen durch Schwingungen der Kerne der Atome** (genau deswegen wird die Wellenlänge von den Radiowellen bis zu Gamma-Strahlen immer kleiner) .

Meiner Meinung nach handelt es sich bei den Gravitationswellen um Abstrahlungen der Materiewellen und kommen durch Schwingungen der Materiewellen zustande. Die Wellenlängen müssen demnach äußerst klein sein und im Bereich der Wellenlänge der Materiewellen liegen . Beim Spektrum der elektromagnetischen Wellen sind die Gravitationswellen anzusiedeln unterhalb der Gamma-Strahlen und praktisch am äußersten unteren Ende des Spektrums , wobei es nicht verwunderlich ist, daß sie völlig andere Eigenschaften haben , als die Gamma-Strahlen, nämlich keine Radioaktivität. Die großen Eigenschaftsänderungen sind beim Spektrum der elektromagnetische Wellen die Regel, wie oben bereits ausführlich dargestellt .

Ich schätze also die Wellenlänge der Gravitationswellen bei einem Bereich etwa in der Größenordnung der De-Broglie-Materialwellenlänge .

Auch bei den Gravitationswellen dürfte es sich innerhalb der äußerst kleinen Wellenlänge um ein **Gemisch** von kleineren und größeren Wellenlängen handeln, je nach der Art der jeweiligen Materie (z.B. bei Fe, oder Cu od. Pb usw), ähnlich z.B. wie das Licht.

Wir haben bekanntlich **Erzeugungs- und Nachweismethoden für** die Wellen der anderen Bereiche der elektromagnetischen Skala und auch für andere Wellen (z.B. Schallwellen) , die durchaus verschiedene Arten von Geräten erfordern., da sie sich teilweise stark voneinander unterscheiden .

Z. B. die **Radiowellen erzeugen** wir durch **Radio-Sender** (bestehend aus passiven und aktiven **elektronischen Bauelementen**, wie Kondensatoren, Spulen , Röhren bzw. Transistoren) und **empfangen durch Radio-Geräte bzw. Tuner** (ebenfalls **elektronische Bauelemente**), die **Lichtstrahlen werden z. B. durch Glühbirnen erzeugt und durch unsere Augen bzw. durch lichtempfindliche Filme empfangen bzw. nachgewiesen** , die **Rö.-Strahlen werden durch Aufprall der Elektronenstrahlen** erzeugt und **durch Fluoreszenz- Schirme bzw. geeignete Filme nachgewiesen** , die **Gamma-Strahlen werden durch radioaktive Substanzen erzeugt** und **durch die Gamma-Kameras empfangen.**

In der nachfolgenden Tabelle ist dies alles nochmals zusammengefaßt und übersichtlich dargestellt:

	Erzeugung	Nachweis
Schallwellen	Musikinstrumente, Kehlkopf	Ohren ,elektronische Bauelemente
Radiowellen	Elektronische Bauelemente	Elektronische Bauelemente
Ultraschallwellen	Kristalle	Kristalle
Licht	Erhitzung , Feuer, elektr. Strom, chem. Reaktion, Kernreaktion	Augen (Stäbchen und Zapfen d. Retina) , Film
Röntgen.-Strahlen	Aufprall von Elektronenstrahlen auf Metall	Fluoreszenz-Schirm ,Film
Gamma-Strahlen	Radioaktivität	Geiger-Zähler , Compton-Camera

Bei den Gravitationswellen besteht zunächst das Problem, daß wir keine geeigneten Empfangs- bzw. Nachweisgeräte dazu besitzen . Oder ?

Wenn wir einen **Stein** von oben auf die Erde fallen lassen, so wissen wir alle, daß er **senkrecht** auf die Erde fällt . **Also der Stein muß die Gravitationswellen bzw, die Gravitationsinformation empfangen können .**

Ein fallengelassener Stein auf dem Mond , auf Jupiter oder auf anderen Himmelskörpern wird im übrigen ebenfalls **senkrecht** fallen , unabhängig davon , ob diese Himmelskörper größer oder kleiner sind als die Erde und somit über größere oder kleinere Gravitationen verfügen .

Sowohl die Pflanzen, als auch die Tiere und erst recht die Menschen sind wohl in der Lage die Gravitation zu empfangen bzw. zu fühlen.

Es ist bekannt , daß die Pflanzen durchaus unterscheiden können, wo oben und wo unten ist . Z. B. die Pflanzen wurzeln immer nach unten , aber der Stiel bzw. die Pflanze selbst wächst immer nach oben. Man könnte meinen, die Orientierung bzw. das Fähigkeit zwischen oben und unten zu unterscheiden würde durch das Licht verursacht . Es ist jedoch aufgrund von Versuchen nachgewiesen worden, daß die Pflanzen auch bei völliger Dunkelheit dazu in der Lage sind und zwar beim Keimen des Samens .

Die Pflanzen müssen also unterscheiden können , in welcher Richtung die **Schwerkraft** der Erde und somit in welcher Richtung die Gravitation der Erde verläuft

Auch die Tiere und erst recht der Mensch können sehr gut unterscheiden , wo, oben und wo unten ist, und zwar bei allen Körperpositionen und bei völliger Dunkelheit .

Auch solche Versuche sind selbstverständlich mehrfach durchgeführt worden.

Die Menschen und die höheren Tiere haben in ihrem **Innenohr** Rezeptoren in Form von winzigen kleinen kalkhaltigen Körnern (**Statolithen**) die durch die Gravitation der Erde angezogen werden und diese Signale an die darunter liegenden Haarzellen weiter übertragen, die die Signale ihrerseits durch den N. Statoakusticus an das Gehirn weiter leiten und so dafür sorgen, daß die Gravitation der Erde und ihre Richtung gespürt werden kann .

Wir haben ferner Rezeptoren in unserem gesamten Körper, die durchaus in der Lage sind festzustellen , in welcher Richtung die Gravitation verläuft und wie stark sie ist . Wir kennen alle das **Schweregefühl** .

wir wissen ferner aus der Raumfahrt, daß bei der Schwerelosigkeit die Muskulatur und die Knochen atrophisch werden. Deswegen können die Astronauten , die längere Zeit im Weltraum waren, nach ihrer Rückkehr am Anfang kaum gehen.

Auch diese **Rezeptoren** müssen die Gravitationswellen empfangen können .

Zusammengefaßt   wir Menschen, die Tiere und die Pflanzen sind wohl in der Lage die Gravitation und ihre Richtung zu empfangen und wahrzunehmen .

Die Evolution hat somit zumindest die höheren Lebewesen mit   Empfangseinrichtungen   zum Empfang und Wahrnehmung der Gravitationswellen ausgestattet und laufend perfektioniert .

Die Tatsache, daß die Evolution auf der Erde bisher seit ca. 4 Milliarden Jahren im Gang ist und somit so lange Zeit hatte, dies zu perfektionieren, zeigt, daß bessere Empfangsmöglichkeiten für die Gravitationswellen schwer zu entwickeln sind .

Wie wir oben festgestellt haben, ist aber überhaupt jede Materie in der Lage die Gravitation zu empfangen .

Die Haupteigenschaft der Gravitationswellen ist eben die Schwerkraft, die sie übertragen, **genau so wie die Haupteigenschaft der Lichtwellen das Licht ist.**

Die Natur hat zum Empfang der Lichtwellen das Auge entwickelt und immer weiter perfektioniert , und dazu die Haupteigenschaft der Lichtwellen , nämlich das Licht bzw. die Helligkeit benutzt.

Die Haupteigenschaft der Gravitationswellen ist , wie bereits erwähnt ,die Schwerkraft , und dies hat die Natur , wie oben dargestellt, ebenfalls bestens zur Wahrnehmung der Gravitationswellen benutzt und perfektioniert.

Deswegen müssen wir , wenn wir geeignete Geräte zum Empfang der Gravitationswellen entwickeln wollen, logischerweise die Haupteigenschaft dieser Wellen, nämlich die Schwerkraft   zu deren Nachwies und Messung benutzen. Dazu haben wir bekanntlich bereits geeignete Geräte, nämlich die **Waage**.

Es wäre interessant , in dieser Richtung zu forschen und versuchen z. B : erheblich präzisere Waagen zu entwickeln , um z:B. **Gravitationsschwankungen** festzustellen bzw. nachzuweisen .

Wenn wir aber noch einen Schritt weiter gehen und auch genau feststellen wollen , wie sie   z.B. aussehen und möchten ihre Wellenlängen feststellen und messen , **müssen wir   z.B.   mit verschiedenen Geräten Messungen durchführen an verschiedenen Orten , an denen zu erwarten ist, daß dieselben Wellen verschiedene Intensitäten haben (wie z.B. helles und dunkles Licht)** , da wir noch nicht genau wissen wie sie aussehen .

Folgen eines weiteren tragischen Irrtums in der Astronomie Durch das Verkennen des Wesens der Gravitationswellen

Nachfolgend möchte ich ausführlich auf einen weiteren tragischen Irrtum in der Astronomie hinweisen und anhand dieses Beispiels zeigen und darauf aufmerksam machen, **wohin so ein Irrtum führen und welche enorme Kosten er verursachen kann** , wobei ich nochmals darauf hinweisen möchte, daß solche Irrtümer keineswegs Raritäten sind .

Keiner würde wahrscheinlich auf die absurde Idee kommen, bei vollem Sonnenschein Sterne am Himmel zu suchen oder versuchen sie zu

beobachten . Der Grund brauchte wahrscheinlich nicht einmal erwähnt zu werden.

Trotzdem muß ich den Grund hier erwähnen , da dies für das Verständnis des nachfolgend dargestellten wichtig ist. **Der Grund liegt selbstverständlich darin, daß das helle Sonnenlicht das schwache Licht der Sterne überstrahlt, so daß die Sterne nicht sichtbar sind.**

Dieses Prinzip ist trotzdem von einigen Astronomen mißachtet worden und hat Anlaß gegeben zu einem **gravierenden Irrtum** , nämlich im Zusammenhang mit der Forschung der Gravitationswellen und den Versuchen sie nachzuweisen.

Es ist bekanntlich von einigen Astronomen wiederholt versucht worden Gravitationswellen der weit entfernten Himmelsobjekte hier auf der Erde zu empfangen bzw. nachzuweisen, teilweise unter massiven Geldinvestitionen und Aufbau von sehr teuren Anlagen.

Es sind z.B. sogenannte Gravitationswellen-Detektoren bzw. Interferometer aufgebaut und sogar Tunnel von mehreren Kilometern Länge gebaut worden .

Alle diese Versuche waren erfolglos , wie aus den oben dargestellten Gründen vorher zu erwarten war.

Wir wollen nun weiterdenken und uns die Frage stellen, **ob es möglich ist auf unserem Rundfunkgerät einen schwachen Sender zu empfangen, der mit der gleichen Frequenz oder ungefähr mit der gleichen Frequenz sendet, wie ein starker Sender . Die Antwort lautet selbstverständlich nein .**

Auch dieser Sachverhalt kann selbstverständlich übertragen werden auf die Gravitationswellen .

Wir wollen einmal die Sachen bzw. die Sachlage logisch betrachten: **Es ist völlig klar, daß die stärksten Gravitationswellen , die wir hier auf der Erde empfangen und nachweisen könnten, die Gravitationswellen der Erde selbst bzw. der Sonne sein müssen ,** die die Erde auf ihrer Bahn um die Sonne sozusagen festhalten .

Diese Gravitationswellen sind so stark, daß so ein massiver Körper wie die Erde auf ihrer Bahn um die Sonne festgehalten , und die massive Zentrifugalkraft kompensiert wird .

Jegliche andere Gravitationswellen etwa der anderen Himmelskörper , die uns hier auf der Erde erreichen würden, wären im Vergleich dazu so unverhältnismäßig schwach, daß sie nicht nachweisbar wären (eine kleine Ausnahme bildet hier nur der Mond , deren Gravitationswellen allerdings ebenfalls erheblich schwächer wären).

Wären die Gravitationswellen dieser Himmelskörper stark, so hätten sie z.B. Einfluß auf die Bahn der Erde, auch wenn dies schwach wäre. Wir wissen aber hundertprozentig , daß solche Bahnabweichungen nicht vorhanden sind , auch nicht etwa bei Supernova-Ausbrüchen in astronomisch relativer Nähe von uns.

Die Relation der Stärke der Gravitationswellen der Erde bzw. der Gravitationswellen der Sonne, die hier auf der Erde ankommen einerseits ,und der Gravitationswellen der anderen weiteren Himmelsobjekte andererseits zueinander, ist genau so wie die Relation der Stärke des Sonnenlichtes zu dem Licht der Sterne.

Was im Lichtbereich der Sonnenschein am Tag ist , sind im Bereich der Gravitationswellen praktisch die Gravitationswellen der Erde bzw. der Sonne, die hier auf der Erde ankommen . Wir haben also, was die Gravitationswellen anbetrifft ununterbrochen Tag und praktisch vollen Sonnenschein auf der Erde und dies immer und ununterbrochen über die Jahre hinweg.

Der Versuch , Gravitationswellen der weiten Himmelskörper hier auf der Erde zu empfangen bzw. nachzuweisen, ist also genau so absurd und zwecklos ,wie der Versuch bei strahlendem Sonnenschein Sterne am Himmel zu suchen.

Trotzdem ist diese Tatsache bzw. diese Situation völlig übersehen worden bzw. nicht bedacht worden.

Das verhängnisvollste ist , daß diese Versuche im Laufe des 20. Jahrhunderts immer wieder von verschiedenen Astronomen wiederholt worden sind, sehr viel gekostet haben , zu großen Enttäuschungen geführt haben und

vor allem die Astronomie in falscher Richtung geführt und zurückgeworfen haben , und daß dieser große Irrtum bisher von keinem entdeckt worden war.

Eine weiterer Fehler, der unterlaufen worden ist, ist die Tatsache , daß vielfach nach sehr großen Wellenlängen gesucht worden und völlig übersehen worden ist, daß die Wellenlänge der Gravitationswellen nur sehr klein sein muß , wie bereits im Kapitel 11 ausführlich dargestellt wurde .

Es dürfte sicherlich jedem einleuchtend sein , daß die Geräte und Einrichtungen zum Messen der Wellen mit sehr großen Wellenlängen meist überhaupt nicht geeignet sind zum Nachweis bzw. Messen der Wellen mit sehr kleinen Wellenlängen. Z.B. mit einem Radiotuner kann man zwar Radiowellen (z.B. verschiedene Rundfunksender) gut empfangen aber keineswegs Lichtsignale usw.

Im Kapitel 11   haben wir uns ausführlich mit den Gravitationswellen und Ihren Eigenschaften befasst. Im Rahmen dieses Kapitels möchte ich einige weitere Aspekte hinzufügen .

Ergänzend verweise ich auf **meine wissenschaftliche Arbeit "Elektromagnetische Wellen und ihre Rolle im Universum " .**

Die Gravitationswellen haben die Eigenschaft der Übertragung der Gravitation.

Wir haben bereits gesehen, sie lassen sich einordnen im untersten Bereich des Spektrums der elektromagnetischen Wellen.

Wir haben bekanntlich Nachweismethoden für die Wellen der anderen Bereiche des elektromagnetischen Spektrums . Z.B. die Radiowellen empfangen wir durch Radio-Geräte bzw. Tuner , die Lichtstrahlen durch unsere Augen bzw. durch lichtempfindliche Filme, die Rö.-Strahlen durch Fluoreszenz-Schirme bzw. geeignete Filme , die Gamma-Strahlen durch Compton-Kameras bzw. -Teleskope .

Bei den Gravitationswellen besteht zunächst das Problem, daß wir außer Waagen keine geeigneten Empfangsgeräte dazu besitzen , und selbst sie sind noch nicht ausreichend für diesen Zweck entwickelt . Deswegen müssen wir zunächst geeignete Geräte entwickeln.

Da wir außerdem noch nicht genau wissen wie sie aussehen, müssen wir vergleichende Messungen durchführen , d.h. wir müssen mit verschiedenen Geräten Messungen durchführen an verschiedenen Orten , an denen zu erwarten ist, daß dieselben Wellen verschiedene Intensitäten haben (wie z.B. helles und dunkles Licht) und sie miteinander vergleichen.

Hier auf der Erde wäre z. Zeit theoretisch nur möglich Gravitationswellen der Erde und der Sonne (und evt. des Mondes) nachzuweisen , da sie ganz erheblich stärker sind , als alle andere Gravitationswellen , die hier ankommen , und somit vorherrschend. Es müßten Messungen durchgeführt werden auf der Erde z.B. auf

einem hohen Berg und im Tal , im Weltraum , z.B. in Satelliten verschiedener Entfernungen, und in Sonden , die zu anderen Planeten geschickt werden, um verschiedene Intensitäten messen und zusammen vergleichen zu können.

Zum Schluß möchte ich zum Ausdruck bringen, daß keineswegs der Sinn dieser Ausführungen ist, etwa einzelne Astronomen zu tadeln , sondern der Sinn ist, zu verhindern , daß die Astronomie über lange Jahre hinweg Ideen verfolgt , die absurd erscheinen, und daß sie stur in nur einer Richtung weitergeht, die wenig erfolgversprechend ist, ferner der Sinn dieser Feststellungen ist , neue Wege aufzuzeichnen und zu veranlassen, über diese Sachen nachzudenken, nur im Interesse der Astronomie und deren Fortschritt.

Kapitel 13

Schwarze Löcher,

weder Löcher, noch schwarz,

noch hornförmig ausgezogen ?

Sehen schwarze Löcher schwarz aus,

weil sie das Licht verschlucken bzw.

anhalten ?

Es gibt   märchenhafteste Erzählungen und Meinungen im Zusammenhang mit den schwarzen Löchern , die teilweise die Folge der Ableitung aus der allgemeinen Relativitätstheorie von Einstein sind .

Gibt es Wurmlöcher , durch die man zu anderen Welten kriechen kann ? oder das ist alles Unfug ? Was ist das Schicksal der schwarzen Löcher ?

Schwarze Löcher gehören zweifellos zu den faszinierendsten Erscheinungen im Universum , und deswegen haben schon viele Astronomen sich damit beschäftigt und versucht, ihre Geheimnisse zu lüften .

Es handelt sich um **Supergravitationen , die unsichtbar sind bzw. schwarz aussehen,** wie aus dem Namen hervorgeht , mit einem enorm hohen und kaum vorstellbaren Gewicht ,da die Materie sich dabei zu einer äußerst stark komprimierter Masse verdichtet hat .

Da es sich um **Supergravitationen** handelt, wird alles, was in ihrer Nähe kommt dermaßen angezogen, daß praktisch keine Flucht mehr möglich ist . Deswegen wird alles, was in ihrer Näher kommt , von Ihnen verschluckt

Wir wissen inzwischen, daß es sich bei den schwarzen Löchern entweder um **Reste der Supernova-Explosionen** handelt , oder um die **Zentren der Galaxien** .

Es hat sich die Meinung weit verbreitert ,daß die schwarze Farbe dadurch bedingt ist, daß das gesamte Licht von ihnen angezogen und verschluckt wird und kein Lichtstrahl sie verlassen kann.

Das Anhalten und Verschlucken des Lichtes mag äußerst abenteuerlich, aufregend und faszinierend sein, genauso wie die diesbezügliche Erklärung der schwarzen Farbe.

Wir wollen aber nun untersuchen , ob diese Meinung richtig ist .

Meine Theorie der Ursache der schwarzen Farbe bzw. Unsichtbarkeit der schwarzen Löcher :

Wie bereits erwähnt , hat sich bei den schwarzen Löchern die Materie zu einer äußerst stark komprimierten Masse verdichtet . Deswegen ist **kein Platz mehr vorhanden für die Atomschalen, d.h. für Elektronen .**

Wir wollen uns nun vergegenwärtigen, wann ein Objekt sichtbar wird und wie das Licht zustande kommt .

Ein Objekt wird erst sichtbar, wenn es Licht aussendet , entweder dadurch daß es selbst Licht erzeugt also **emittiert** (wie die Glühbirne , unsere Sonne oder Sterne) oder dadurch daß es darauf fallende Licht **reflektiert** (wie die meisten sichtbaren Gegenstände auf der Erde, der Mond oder die Planeten) . Sonst ist es unsichtbar bzw. schwarz .

Wir können also unsere Sonne und die Sterne sehen, weil sie Licht aktiv **emittieren**, und wir können den Mond und die Planeten sehen, weil sie das darauf fallende Sonnenlicht **reflektieren**

Das Licht kommt zustande , d.h. wird **emittiert** , durch die Quantensprünge der Elektronen , also **ausschließlich durch die Atomschalen .**

Wenn aber keine Atomschalen mehr vorhanden sind, so kann logischerweise auch kein Licht mehr erzeugt bzw. emittiert werden .

Für eine **Reflexion** des Lichtes fehlen den schwarzen Löchern ebenfalls die Elektronen bzw. Elektronenschalen , und genau deswegen ist denen weder eine Absorption noch eine Abstrahlung des Lichtes möglich und somit **auch keine Reflexion des Lichtes** .

Die schwarzen Löcher sehen also ganz einfach deswegen schwarz aus, oder besser gesagt sie sind deswegen unsichtbar , weil sie kein Licht erzeugen bzw. aussenden können . Sie können weder Licht emittieren, noch reflektieren .

Deswegen **müssen** sie schwarz aussehen bzw. **unsichtbar** sein.

Ob nun das Licht von Ihnen auch noch angehalten wird sei dahin gestellt und ist meines Erachtens sehr fraglich . Das ist aber jedenfalls nicht die Ursache ihrer schwarzen Farbe .

Auch die Tatsache, daß sie starke Radiosignale senden (**Pulsare**) spricht gegen die Meinung , daß sie das Licht anhalten bzw. verschlucken , denn sonst müssten sie erst recht auch die Radiowellen verschlucken bzw. anhalten .

Im übrigen handelt es sich bei den „schwarzen Löchern „ **keineswegs um Löcher, sondern um eine sogar besonders feste Substanz ,** wie wir oben gesehen haben .

Aber auch der Ausdruck Supergravitation für die schwarzen Löcher ist insofern nicht ganz zutreffend da die Gravitationsstärke ausgerechnet im Zentrum der

schwarzen Löcher gleich 0 ist , und zwar gemäß dem Gravitationsgesetz von Newton .

Die Tatsache, daß sich im Zentrum von fast jeder Galaxie ein schwarzes Loch befindet , war bis vor wenigen Jahren unbekannt und darüber rätseln auch heute noch viele Astronomen.

Es wird vielfach laut darüber nachgedacht, wie die schwarzen Löcher dorthin gekommen sein könnten, ob zuerst die schwarzen Löcher entstanden sind und dann die Galaxien um sie drum herum und ob es ich um fremde Substanzen handelt würde .

Abgesehen davon, daß die Tatsachen , Einzelheiten und Zusammenhänge schon vorher aus meinen Theorien über die Galaxien hervorgingen , müßte selbstverständlich sein, daß ein schwarzes Loch zum normalen Baustein jeder Galaxie gehören muß (s. mein **Buch „ Grosse Geheimnisse des Universums Bd.I"** und **meine Theorien und wissenschaftlichen Arbeiten über die Galaxien) .**

In der Astronomie existieren überhaupt die märchenhaftesten Erzählungen und Meinungen über die schwarzen Löcher , die teilweise die Folge der Ableitung aus der allgemeinen Relativitätstheorie von Einstein sind , die nachweislich nicht zutreffend ist **(s. mein Buch** **„Sind die**

Relativitätstheorien von Einstein   richtig ?, meine energetische Relativitätstheorie „) .

Es ist z.B. die Rede vom **Anhalten und Verschlucken des Lichtes** von der „ **Singularität** „ der schwarzen Löcher , oder von **„Wurmlöchern** „die sogar in ein **anderes Universum** führen würden (s. unten).

Wie bereits erwähnt , ist so z.B. die Vorstellung entstanden, daß ein schwarzes Loch bzw. der Raum um das schwarze Loch eine **hornförmige Gestalt hat** (wie ein Hörnchen beim Eis), d.h. daß es auf der einen Seite hornförmig ausgezogen ist , sodaß auf der einen Seite ein Loch und auf der anderen Seite **eine scharfe Spitze** hat.

Gegenbeweis : Dies kann   übrigens aufgrund von Beobachtung bzw. aufgrund von Naturexperimenten ausgeschlossen werden:

Wenn es so wäre , so müsste die Materie der Umgebung nur von der einen Seite (logischerweise von der Lochseite) in das schwarze Loch fallen können. Die Beobachtung der näheren Umgebung der schwarzen Löcher befindet sich jedoch noch im Anfangsstadium , sodaß erst die zukünftigen Beobachtungen zeigen werden, daß logischerweise die Materie der Umgebung **nicht nur von der einen Seite,** sondern **von allen Seiten** in die schwarzen Löcher fallen .

Die Konstruktion der Hörnchengestalt ist aber lange nicht das Ende der Phantasie , sondern es ist die Rede von sogenannten **Wurmlöchern** am Ende der schwarzen Löchern, von wo man durchkriechen kann zu anderen sehr weiten Regionen des Universums und sogar **zu einem anderen Universum** .

Einer der Initiatoren dieser Theorie, ein bekannter Physik-Theoretiker , hat Gott sei Dank mittlerweile selber seine Theorie zurückgezogen, und zugegeben , daß seine Theorie nicht zutreffen würde .

Wenn eine Sache abenteuerlich , aufregend und sensationell aussieht ,bleibt so öfters die Logik auf der Strecke .

Zusammengefasst   ist die Bezeichnung schwarze Löcher nicht glücklich , nicht zutreffend und außerdem irreführend .

Die Bezeichnung unsichtbare massive Materien- bzw. Massenkonzentrationen, abgekürzt UMM   , die ich hiermit vorschlage, wäre zutreffender .

Über die schwarzen Löcher selbst ist in der Astronomie , wie bereits erwähnt ,sehr viel nachgedacht und geschrieben worden , aber   erstaunlicherweise   offensichtlich **<u>äußerst wenig</u>   über das Schicksal   und der weiteren**

Entwicklung der schwarzen Löcher , da im Universum nichts dauerhaft ist .

Diese Thematik und meine diesbezüglichen Theorien sind in meinem Buch „ Große Geheimnisse des Universums Bd. I „ ausführlich dargestellt , neben weiteren sehr interessanten und faszinierenden Phänomenen des Universums, weswegen an dieser Stelle darauf verwiesen wird.

Kapitel 14

Der tragische Irrtum von Ptolemäus

Die Geschichte der Astronomie ist praktisch genau so alt, wie die Geschichte der Menschen selbst. Soweit bekannt, soll sich der Mensch schon immer für die Sterne und den Himmel interessiert haben , den Himmel betrachtet und sich somit mit der Astronomie beschäftigt haben.

Die gesamte Geschichte der Astronomie ist aber voller Verirrungen. Hier ist aber insbesondere den Namen des Astronomen **Ptolemäus** zu nennen, der die sogenannten **Epizyklen** (s. Abb.) erfunden hat , die Erde als Zentrum des Universum dargestellt und **es geschafft hat, daß die Menschen praktisch vom 2. bis zum 16.   Jahrhundert , d.h. fast   1400 Jahre daran geglaubt und daran festgehalten haben !!**

Wissenschaftler, die versucht haben davon abweichendes zu behaupten , wie **Galileo Galilei** , sind als Ketzer diffamiert, abgestoßen , verteufelt und sogar hingerichtet worden.

Also auch bei der Astronomie haben die Abweichler es sehr schwer gehabt , auch wenn sie Recht hatten, wie sich allerdings häufig erst später herausgestellt hat.

Im Altertum glaubte man , daß unsere Erde das Zentrum des Universums wäre und die Sonne und alle Sterne sich um die Erde drehen würden. Man glaubte ferner, daß die Erde flach wäre.

Man benutzte die Astronomie ,um daraus Prognosen zu machen für das Schicksal der Menschen , d.h. daß man die Astronomie mit der Astrologie vermischt hatte und sie zusammen als eine Einheit betrieb .
Eine große Rolle spielten damals insbesondere die Sonnenfinsternisse, die als Unglück und Weltuntergang betrachtet wurden.   Da damals Teleskope noch nicht vorhanden waren,   mußte der Himmel mit bloßen Augen beobachtet werden .   Trotzdem ist es erstaunlich , welche Beobachtungen gemacht worden   sind   und   welche Berechnungen damals aufgestellt werden konnten.

Schon die **Babilonier** haben sehr intensiv Astronomie betreiben   ,   Aufzeichnungen   gemacht   und Vorausberechnungen vorgenommen.

Die **Ägypter** haben sogar 4000 Jahre v. Chr. aufgrund von intensiver Himmelsbeobachtungen Kalender entworfen . Bei ihnen schien der Stern Sirius eine sehr große Bedeutung gehabt zuhaben , so daß dieser Stern bei der Ausrichtung der Pyramiden eine entscheidende Rolle gespielt hat.

Auch die **Iraner** haben sich mit der Astronomie intensiv befaßt .

In **China** lassen sich spuren der Astronomie bis 3000 Jahre v. Chr. zurückverfolgen.

Die griechische Astronomie ist ferner ebenfalls bekannt.

Es war um das Jahr 4oo v. Chr. der **Aristoteles**, der die Behauptung aufstellte, **die Erde sei rund** und stützte seine Behauptung auf die beobachtete Tatsache, daß der bei den Mondfinsternissen sichtbar werdende Erdschatten auf dem Mond eine Kreisform hat. Welche geniale Beobachtung und Deutung!!!!

Der griechische Astronom **Aristarch** hatte zwar schon um 265 v. Chr. angenommen, daß die Sonne der Mittelpunkt sei, seine Annahme fand jedoch damals wenig Beachtung. . Er hat ferner versucht die Entfernungen zwischen der Sonne bzw. dem Mondes und der Erde zu bestimmen.

Die erste Messung des Erdumfanges erfolgte durch **Eratosthenes** ca. 250 Jahre v. Chr.

Es war ferner um ca. 150 n. Chr. der griechische Astronom **Ptolemäus**, der ,wie oben schon erwähnt ,durch sein völlig falsches Weltbild , Jahrhunderte lang die ganze Welt irre führte.

Es handelte sich hierbei wahrscheinlich um einer der größten und tragischsten Irrtümer der Astronomie überhaupt.

Er betrachtete die Erde als der Mittelpunkt des Universums und behauptete, daß die anderen Planeten sich um die Erde drehen würden. Wenn man jedoch dies annehmen würde, würden die Planeten (scheinbar) zusätzliche

Kreisbewegungen ausführen , die er als **Epizyklen** dargestellt hat und in Wirklichkeit selbstverständlich nicht existieren , wenn man die Sonne als Zentrum betrachten würde , weil sich dann auch die Erde um die Sonne rotieren würde, wie die anderen Planeten. Es handelte sich somit um eine völlig künstliche Annahme , die mit der Wirklichkeit überhaupt nichts zu tun hat :

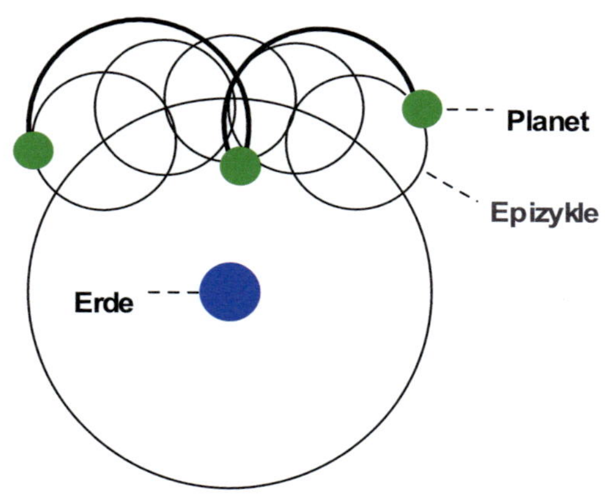

Epizyklen von Ptolemäus

Bei dieser falschen Annahme entstanden **Schleifenbildungen** der Planeten (s. Abb.), die dadurch zustande kamen , daß die Planeten verschiedene Umlaufzeiten um die Sonne haben und sich somit bei ihren Umkreisungen um die Sonne laufend überholen.
Das Ansehen von Ptolemäus war so groß , seine Behauptung war so imponierend und es mangelte in der

Folgezeit dermaßen an großen Denkern, daß es Jahrhunderte dauerte, bis dieses falsche Weltbild durch **Kopernikus** (1473-1543 n. Chr. !!!!) im 16. Jahrhundert richtig gestellt werden konnte.

Auch der Name des dänischen Astronomen **Tycho de Brahe** muß erwähnt werden, der sich für die Epizyklen von Ptolemäus begeisterte und genaue Sternvermessungen lieferte .

Wie bereits erwähnt erkannte erst der **Kopernikus** ,daß nicht die Erde, sondern die Sonne der Mittelpunkt ist und alle Planeten einschließlich die Erde sich um die Sonne drehen . Dadurch entfielen die Epizyklen und es konnten endlich viele Beobachtungen erklärt werden. Dies war ein sehr großer Durchbruch in der Astronomie .

Ein weiterer wichtiger Meilenstein in der Geschichte der Astronomie ist die Berechnung der Bahnen der Planeten durch **Johannes Kepler** (1571-1630) im 17. Jahrhundert, der durch **seine 3 bekannten Gesetze der Bewegungen der Planeten um die Sonne** die Astronomie revolutionierte. Da diese 3 Gesetze äußerst wichtig und für die Astronomie von großer Bedeutung sind , möchte ich sie hier kurz erwähnen und kommentieren:

1. **Alle Planeten bewegen sich in elliptischen Bahnen um die Sonne . Die Sonne liegt in einem Brennpunkt der Ellipse .**

Mein Kommentar dazu: :   Ein Kreis ist der Idealfall einer Ellipse und nichts anderes . Deswegen ist durchaus möglich , daß im Universum auch Sonnensysteme existieren mit kreisförmigen Planetenbahnen, eine Tatsache , die jedoch nach den Wahrscheinlichkeitsgesetzen selten anzutreffen sein wird.

2. **Die Verbindungslinie (der Strahl) zwischen der Sonne und den einzelnen Planeten überstreicht in gleichen Zeiten gleiche Flächen.**

Mein Kommentar dazu: d.h., daß die Bahngeschwindigkeit der jeweiligen Planeten **nicht konstant** ,sondern variabel ist, derart, daß die Geschwindigkeit in der Nähe der Sonne größer wird, und erst wieder langsamer wird, wenn der Planet sich wieder von der Sonne entfernt . Bezogen auf die Erde bedeutet dies z.B. daß die Erde im Winter sich schneller um die Sonne dreht , als im Sommer.

3. **Das Quadrat der Umlaufdauer der Planeten ist proportional zu deren dritten Potenz ihrer mittleren Entfernung von der Sonne.**

Mein Kommentar: d.h. daß die Planeten, die von der Sonne weiter entfernt sind, **erheblich** (überproportional) langsamer die Sonne umlaufen, d.h. daß die Jahre dieser Planeten (z.B. Neptun) erheblich länger sind , als das Jahr der Erde.

Kepler konnte aber nicht erklären durch welche Kräfte die Planeten sich auf ihren Bahnen bewegten und dort sozusagen festgehalten werden.

Dies geschah erst durch **Isaac Newton** (1643-1727), der die **Gesetze der Mechanik und Gravitation entwickelte und dadurch erklären konnte, . wie die Planeten auf ihren Bahnen um die Sonne sozusagen festgehalten**

werden . Er muß deswegen als ein sehr bedeutender Wissenschaftler in der Geschichte der Astronomie und Physik bezeichnet werden .

Das **Gravitationsgesetz** von Newton ist so wichtig, daß ich es hier ebenfalls kurz darstellen möchte:

$$F = G \; \frac{m1 \cdot m2}{r^2}$$

F ist die Gravitation,   m1 und m² sind die Massen der jeweiligen Himmelskörper (Planeten bzw. Sonne) , r ist die Entfernung der Himmelskörper von einander ,G ist die Gravitationskonstante.

Die Formel bedeutet also im Klartext daß je größer die Masse der jeweiligen Körper, um so größer die Gravitationskraft, und je weiter die Himmelskörper voneinander entfernt sind, um so geringer ist die Gravitation , und zwar sie nimmt mit dem Quadrat der Entfernung ab, d.h. überproportional.

Die Planeten werden auf ihren Bahnen festgehalten, weil die durch die Kreisbewegung erzeugte Zentrifugalkraft genau so groß ist wie die jeweilige Gravitationskraft, die entgegengesetzt wirkt.

Es ist also wichtig festzustellen, daß in der Astronomie und Physik zwar große Irrtümer gemacht worden sind,

aber es hat gleichzeitig auch eine ganze Reihe von großartigen Wissenschaftlern mit sehr klugen und hellen Köpfen gegeben , die nach und nach im Laufe der Zeit viele wichtige Phänomene entdeckt , viele großartige Theorien entwickelt und somit sehr viel für die Astronomie und Physik geleistet haben.

Alles , was wir heute in der Astronomie wissen und kennen, ist durch diese Wissenschaftler Stück für Stück erreicht und entwickelt worden.

Kapitel 15

Die Verteilung

der

Sterne und Galaxien

In fast jedem Astronomiebuch ist zu lesen, **daß viele Astronomen sich darüber wundern würden, weshalb die Sterne am Himmel ungleichmäßig verteilt sind.**

Auch bei der Verteilung der Galaxien wird gerätselt, weshalb sie ungleichmäßig ist ,und neuerdings wurde das Rätselraten noch größer, als durch das Hubble-Teleskop festgestellt wurde, daß zwischen den Galaxien leere Räume existieren , so daß schollenförmige oder blasige Strukturen entstehen würden .

Man versucht dies damit zu erklären, daß es am Anfang des Universums viele Unregelmäßigkeiten gab . Es erhebt sich jedoch sofort die Frage, **weshalb** es am Anfang diese Unregelmäßigkeiten gegeben haben soll .

Meine Theorie über den Grund der ungleichmäßigen Verteilung der Sterne und Galaxien :

Wir wissen, daß die Faktoren *Zufall* **und** *Wahrscheinlichkeit* in der Natur vorherrschend sind und praktisch alles darauf beruht.

Die Verteilung der Sterne und Galaxien am Himmel entspricht exakt dem Zufall bzw. den Wahrscheinlichkeitsgesetzen. Genau deswegen <u>muß</u> sie ungleichmäßig sein , und zwar genau entsprechend dem Muster , wie die Sterne und Galaxien uns am Himmel erscheinen . **Es gibt Stellen am Himmel, wo viele Sterne in Gruppen ziemlich eng nebeneinander liegen , und es gibt andere Orte , wo keine Sterne sichtbar sind und völlig leer zu sein scheinen.** Es gibt keine Stelle am Himmel, die genau so aussieht, wie eine andere Stelle .

Wir wollen uns nun ansehen, wie solche Zufalls- bzw. Wahrscheinlichkeitsprodukte aussehen.

Wir lassen uns z.B. regelmäßig über eine längere Periode Zahlen zuweisen , z.B. von einem Computer oder von einem Roulette-Spiel-Gerät , die wir als Punkte in einer Tabelle eintragen .

Das Ergebnis ist in der Abb. 1 dargestellt. Wir sehen, daß die Verteilung völlig **ungleichmäßig** ist. **Es gibt Stellen, mit vielen Zahlen nebeneinander, während es ebenfalls Stellen gibt, die gar keine Zahlen enthalten, also ganz leer** sind:

Abb. 1

Abb.2 zeigt die tatsächliche Verteilung der Sterne am Himmel, wie wir sie vorfinden, wenn wir nachts den Himmel betrachten, . Es gibt Stellen , wo viele Sterne nebeneinander konzentriert sind und es gibt Stellen , die gar keine Sterne enthalten und somit "leer" zu sein scheinen

Abb. 2

Die Ähnlichkeit der Abb. 1 mit der tatsächlichen Verteilung der Sterne am Sternenhimmel (Abb. 2) ist bestechend .

Es handelt sich praktisch um dasselbe Verteilungsmuster.

(Der einzige Unterschied ist die noch größere Variabilität der Sterne , die die völlige Zufälligkeit noch mehr unterstreicht , und dadurch bedingt ist, daß Sterne teilweise heller oder dunkler bzw. größer oder kleiner und zahlreicher sind , und daß sie ferner dreidimensional verteilt sind , so daß beim Anschauen der Sterne wir sozusagen gleichzeitig in mehrere Ebenen hinein schauen) .

Diese Bildgleichheit beweist somit die Richtigkeit dieser Theorie.

Ersatzweise können wir auch , anstatt der Zuweisung von Zahlen, ein Zufallsprodukt nachahmen , in dem wir etwa Salz oder Zucker in die Hand nehmen und versuchen gleichmäßig über eine Fläche zu verstreuen. **Wir werden sehen, daß die Verteilung immer völlig ungleichmäßig ist, auch wenn wir uns sehr anstrengen, so gleichmäßig wie möglich zu streuen , und praktisch ebenfalls genau so aussieht, wie in der Abb. 1 dargestellt.**

Wir wissen , daß das Universum am Anfang punktförmig war, als die Expansion des Universums begann (vegl. meine DPNS-Theorie) . **In dem sich expandierenden Universum entstanden und entstehen hier und da Sterne bzw. Galaxien , selbstverständlich entsprechend den**

Zufallsgesetzen. Deswegen *muß* die Verteilung der Sterne ganz ungleichmäßig sein , genau wie auf der Abb. 1 .

Auch und gerade Gruppen bzw. Haufenbildungen und größere Aussparungen (sogenannte leere Stellen) entsprechen den **Zufallsgesetzen** .

Wie bereits erwähnt, hat man versucht die unregelmäßige Verteilung der Sterne und Galaxien damit zu erklären, daß es am Anfang des Universums viele Unregelmäßigkeiten gab.

Wie wir gesehen haben, handelt es sich jedoch bei dieser Annahme um ein **großer Irrtum**.

Auch dieser Irrtum und das lange und große Rätselraten über die ungleichmäßig Verteilung der Sterne ist für die Astronomie **schädlich** gewesen und hat Diskussionen ausgelöst , die unnötig gewesen sind und die **Astronomie zurückgeworfen** haben , wobei zu bedenken ist, daß eine falsche Denkrichtung öfters viele andere falsche Denkrichtungen nach sich ziehen kann , so daß der Schaden meistens immer größer wird, bis die Denkrichtung korrigiert wird.

Deswegen ist auch hier wichtig auf diesen Denkfehler aufmerksam zu machen, die Denkrichtung zu korrigieren, um weitere Schäden abzuwenden, bevor die Sache entartet und in völlig falsche Richtung geht.

Kapitel 16

Rotverschiebung als Maßstab

für Entfernungsmessung

der Sterne und Galaxien

und für Größe und

Altersbestimmung des Universum

Seit Hubble ist es üblich geworden , die gemessenen Rotverschiebungen der Sterne und Galaxien als Maßstab für Entfernungsmessung und somit für die Bestimmung der Größe und Alter des Universums zu benutzen .

Es ist völlig verständlich, daß die Entdeckung von Hubble von sehr großer Tragweite war, zu großer Begeisterung führte und wir wissen seitdem überhaupt , daß das Universum sich z, Zeit **expandiert** .

Deswegen entfernen sich auch bekanntlich fast alle Sterne und Galaxien von uns, was sich als sogenannte **Rotverschiebung** bemerkbar macht.

Wenn wir aber die Rotverschiebung der Sterne und Galaxien als Maßstab für Entfernungsmessung und für die Bestimmung der Größe und Alter des Universums benutzen wollen, **müssen wir bedenken, daß diese Berechungen mit einigen Problemen und Fehlern behaftet sind, die bisher teilweise nicht bedacht und nicht berücksichtigt worden sind.**

Diese Probleme und Fehler müssen bei den Berechnungen berücksichtigt und die Ergebnisse deswegen teilweise stark korrigiert werden .

Selbstverständlich können nicht alle diese Probleme und Fehler im Rahmen dieses Buches behandelt werden, sondern hier können nur einige davon dargestellt werden.

Deswegen werde ich hier im Rahmen dieses Kapitels einige solche große Fehler nur kurz umreißen und in den Kapiteln 17 und 18 dieses Buches ausführlich auf 2 solche große Fehler bzw. große Probleme eingehen, **möchte allerdings an dieser Stelle bereits darauf hinweisen, daß sie <u>alle</u> mehr oder weniger sehr gravierend sind.**

Einer der **wichtigsten** Faktoren , der ist bisher außer Acht geblieben, ist die **Berücksichtigung meiner energetischen Relativitätstheorie, die zu einer <u>Reduzierung </u>des geschätzten Alters und der Größe des**

Universums führt , da das Ausmaß der Rotverschiebung keineswegs nur von der Entfernungsgeschwindigkeit abhängt, sondern auch vom <u>Energiezustand</u> (wegen der näheren Einzelheiten wird verwiesen auf mein Buch „Sind die Relativitätstheorien von Einstein richtig?, meine energetische Relativitätstheorie").

Voraussetzung für die richtige Bewertung der Rotverschiebung wäre also die genaue Kenntnis über den <u>Energiezustand</u> des jeweiligen Sterns. Die genauen Energiezustände der Sterne bzw. im Bereich der Sterne sind aber weitgehend unbekannt

Deswegen kann keineswegs die gemessene Rotverschiebung als ein direkter Maßstab für die Entfernung der Sterne und Galaxien und somit für die Bestimmung der Größe und Alter des Universums verwendet werden , sondern müßte stark korrigiert werden.

Ein weiterer sehr häufiger Fehler bei der Berechnung besteht darin, daß es vielfach außer Acht gelassen wird, daß wir mit unserer Erde , mit unserem Sonnensystem und mit unserer Galaxie keineswegs das Zentrum des Universums sind und somit uns keineswegs im Zentrum des Universums befinden, so daß sich die Verhältnisse bei den gemessenen Rotverschiebungen etwas komplizierter sind.

Wir wissen bis heute leider immer noch nicht, wo das Zentrum des Universums ist und wo wir uns im Universum genau befinden. Wegen einer umfassenden Darstellung dieser Fragen möchte ich verwiesen auf **meine wissenschaftliche Arbeit „ Wo befindet sich das Zentrum**

des Universums ?". Dort wird genauer auf diese Problematik eingegangen und im Rahmen einer Theorie von mir auch genau angegeben wie wir das Zentrum und den Rand des Universums ermitteln können.

Diese Faktoren sind bisher nicht bzw. nicht ausreichend berücksichtigt worden.   Deswegen müssen die darauf beruhenden **Entfernungsangaben** sowie die **Alters-** und **Größenbestimmungen   des Universums   in der Astronomie total revidiert und stark korrigiert werden** .

Ich weiß, daß damit eine der größten Stützen der Astronomie zusammenbricht , kann jedoch nichts daran ändern. **Es ist viel besser einen Fehler rechtzeitig zu entdecken ,zu korrigieren und nach Alternativen zu suchen, als an Fehlern festzuhalten und einfach zusehen, daß die Fehler immer weitere und größere Fehler nach sich ziehen und die Wissenschaft zurückwerfen.**

Kapitel 17

Alter des Universums

Bei der Bestimmung des Alters des Universums ist den Astronomen ein großer Fehler unterlaufen. Im allgemeinen wird das Alter des Universums heute auf ca. 12-15 Milliarden Jahre geschätzt. Dies kann aber nicht stimmen.

Es muß noch hinzugefügt werden, daß in der Astronomie das Alter des Universums Im Laufe der vergangenen Dekaden laufend in Schritten von Milliarden Jahren nach oben korrigiert worden ist.

Es gibt mehrere Methoden der Altersschätzung des Universums :

1. **Die Parallaxenmethode** ist nur geeignet für nahe Objekte, und ist deswegen für die Altersbestinnung des Universums nicht geeignet.

2. Durch **Temperaturmessung bei weißen Zwergen** und Berechnung der Abkühlungszeit. Diese Methode ist nicht anwendbar auf die weit entfernten weißen Zwergen, da sie schwach strahlen und somit nicht sichtbar sind, und deswegen

nicht anwendbar für die Altersbestimmung des Universums.

3. Die Urknallmethode , d.h. Berechnung aufgrund des Urknalls bzw. durch die Hintergrundstrahlung. Da jedoch die ganze Urknalltheorie nicht richtig ist (**s. mein Buch „ Das Geheimnis der Entstehung des Universums, meine DPNS-Theorie ,,)**, scheidet auch diese Methode völlig aus.

4. Die Radioaktive Methode:

a. Bei **Meteoriten** , die hier auf unserer Erde gelandet sind : Diese Meteoriten stammen meist von unseren Sonnensystem selbst und somit von unserer „näheren" Umgebung und nicht von den Objekten, die Milliarden Lichtjahre von uns entfernt sind. Deswegen scheidet diese Methode ebenfalls für die Altersbestimmung des Universums aus.

b. **Durch Analyse der Spektren der weiten Sterne, die Milliarden Lichtjahre entfernt sind** : Diese Methode ist mit großem Fehlern verbunden, worauf im einzelnen hier im Rahmen dieses Buches nicht eingegangen werden kann.

5. Altersbestimmung aufgrund der Rotverschiebung und somit aufgrund der Entfernung (Hubble): Dies scheint mir die beste Methode zu sein.

Die entferntesten Himmelsobjekte, die wir kennen, sind die Quasare, deren Entfernung zu uns ca. 12-15 Milliarden Lichtjahre beträgt. Dies bedeutet, daß das Licht dieser Quasare ca. 12-15 Milliarden Jahre braucht, um uns zu erreichen . **Dies bedeutet wiederum, daß deren Licht, das hier eintrifft, diese Objekte vor ca, 12-15 Milliarden Jahren verlassen hat und eben genau 12-15 Milliarden Jahre unterwegs war.**

Das zeigt somit, nicht wie diese Objekte heute aussehen, sondern wie sie vor ca. 12-15 Milliarden Lichtjahren ausgesehen haben.

Und exakt hier ist den Astronomen ein gravierender Fehler unterlaufen , es ist nämlich übersehen worden, daß die Entwicklungszeit der Quasare , bzw. die Beschleunigungszeit von 0 bis ungefähr auf die Lichtgeschwindigkeit, zu dem geschätzten Alter des Universums von 12-15 Milliarden Jahren <u>hinzugerechnet</u> werden muß.

Die Rotverschiebung der Quasare deutet darauf hin, daß diese Objekte sich mit riesengroßen Geschwindigkeiten bewegen, die nah bei der Lichtgeschwindigkeit von 300 000 km/s liegt . Genauer gesagt, dies war der Fall als deren Lichtstrahlen sie vor ca. 12-15 Milliarden Jahren verlassen haben . Was heute aus Ihnen geworden ist, wissen wir nicht.

Die Quasare haben sich selbstverständlich nicht immer mit diesen Riesengeschwindigkeiten bewegt, sondern haben bei der Entstehung des Universums mit der Geschwindigkeit 0 angefangen.

Somit brauchten sie zunächst viele Milliarden Jahre, bis auf diese Geschwindigkeit nahe der Lichtgeschwindigkeit anzukommen . Gleichzeitig brauchten sie auch Milliarden Jahre Zeit für ihre Entwicklung bis zum Quasarstadium ,da die Quasare m.E. erst in Galaxien entstehen, die sich im Finalstadium d.h. am Ende ihrer Entwicklung befinden . Wir wissen ferner auch nicht genau , **wann** die betreffenden Galaxien entstanden sind.

Alleine dadurch müßte das geschätzte Alter des Universums von 12-15 Milliarden Jahre mit mindestens ca. 2 multipliziert werden, so daß ein Alter von ca. 24-30 Milliarden Jahre heraus kommt.

Um das besser verständlich zu machen: Nach der Entstehung des Universums mußte die Materie dieser Quasare, Hand in Hand mit ihrer Entwicklung bis zum Quasarstadium, zunächst bis auf die enormen Geschwindigkeiten beschleunigt werden , die wir heute aufgrund ihrer Rotverschiebungen feststellen können, erst dann haben diese Lichtstrahlen , die wir heute hier empfangen können, sie verlassen und brauchten nochmals ca. 12-15 Milliarden Jahre um hier bei uns anzukommen . Deswegen ist nur logisch, daß diese 2 Zeiten zusammen addiert werden müssen, um das Alter des Universums berechnen zu können.

Aber auch diese Berechnung ist noch nicht ganz richtig, da noch ein weiterer Faktor berücksichtigt werden müßte.
Es wurde bei der Berechnung ebenfalls außer Acht gelassen, daß wir mit unserer Erde , mit unserem Sonnensystem und mit unserer Galaxie keineswegs das Zentrum des Universums sind und somit uns keineswegs im Zentrum des Universums befinden.

Die nachfolgenden Zeichnungen mögen diese Problematik
verdeutlichen:

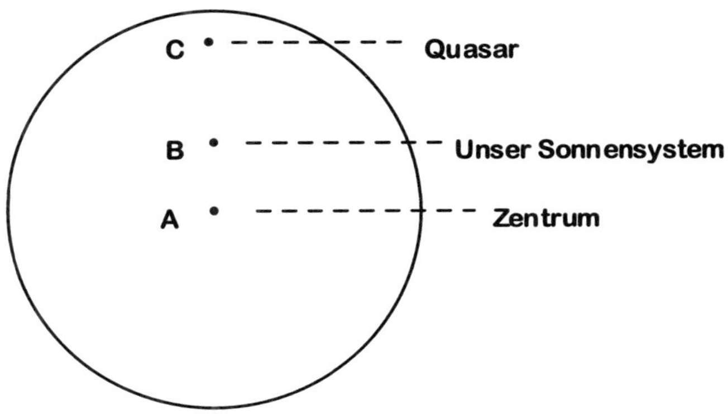

Abb. 1

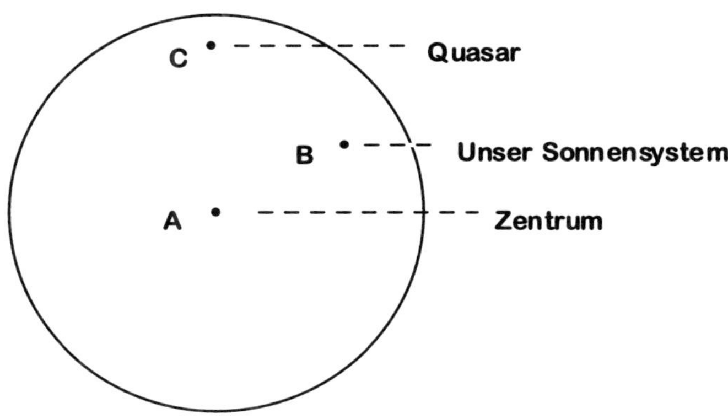

Abb. 2

144

Die obigen Abbildungen zeigen **2 verschiedene mögliche Positionen von uns im Universum.** Da wir , wie oben erwähnt , unsere genaue Position im Universum nicht kennen, kommen natürlich auch zahlreiche andere Positionen in Frage.

Dies hätte zur Folge, daß sich dadurch die Abstände z.T. erheblich ändern könnten, sodaß die Altersbestimmung des Universum dadurch teilweise voneinander erheblich abweichende Werte ergeben würde.

Z.B. bei unserer Position in Abb. 1 würde das Licht des Quasars uns früher erreichen als bei unserer Position in Abb. 2 , sodaß dadurch eine kleinere Entfernung bestünde und somit aufgrund dessen auch ein geringeres Alter des Universums angenommen würde.

Dies könnte eine weitere Korrektur des Alters des Universums erforderlich machen, die aber derzeit nicht möglich ist, da in der Astronomie immer noch unbekannt ist , wie die Position unserer Galaxie im Universum ist und wo sich das Zentrum und der Rand des Universums befinden.

Die Einzelheiten könnten aber noch komplizierter sein, worauf aber hier nicht näher eingegangen werden kann . Deswegen wird wegen einer umfassenden Darstellung verwiesen auf **meine wissenschaftliche Arbeit „ Wo befindet sich das Zentrum des Universums ?“.** Dort wird genauer auf diese Problematik eingegangen und im Rahmen einer Theorie von mir auch genau angegeben wie wir das Zentrum und den Rand des Universums ermitteln können.

Die bisher erwähnten Korrekturen führten zu einer beachtlichen Erhöhung des geschätzten Alters des Universums. Aber ein weiterer sehr wichtiger Faktor ist bisher außeracht geblieben, nämlich die **Berücksichtigung meiner energetischen Relativitätstheorie, die zu einer Reduzierung des geschätzten Alters des Universums führt , da das Ausmaß der Rotverschiebung keineswegs nur von der Entfernungsgeschwindigkeit abhängt, sondern auch vom Energiezustand.**

Voraussetzung für die richtige Bewertung der Rotverschiebung wäre also die genaue Kenntnis über den Energiezustand des jeweiligen Sterns. Die genauen Energiezustände der Sterne bzw. im Bereich der Sterne sind aber weitgehend unbekannt.

Im übrigen ist die Angabe der Entfernung in Lichtjahren in der Astronomie irreführend. Wegen der näheren Begründung wird jedoch auf Kapitel 19 verwiesen, um Wiederholungen zu vermeiden.

Wegen der ausführlichen Darstellung meiner energetische Relativitätstheorie wird verwiesen auf Kapitel 12 dieses Buches, ferner auf mein Buch „ Sind die Relativitätstheorien von Einstein richtig ?, meine energetische Relativitätstheorie „.

Deswegen muß von der Rotverschiebung bzw. von dem Entfernungsfaktor ca. 40% abgezogen werden , wodurch das geschätzte Alter des Universums von 24-30 Milliarden Jahren auf **19-24 Milliarden Jahre** reduziert wird.

Es muß ferner klargestellt werden, daß es sich hierbei immer noch nicht um das Alter schlechthin, sondern um das **Mindestalter** des Universums handelt, und sobald feststeht, wo der Mittelpunkt des Universums ist , evt. weiter nach oben korrigiert werden müsste.

Kapitel 18

Eigentliche Größe des Universums

Ist das Universum wirklich so groß, wie bisher angenommen worden ist ?
Ist die in der Astronomie übliche Angabe der Entfernungen in Lichtjahren exakt ?

Das Universum ist wahrscheinlich wesentlich kleiner, als man bisher angenommen hat, da die Hubble-Konstante dringend und erheblich korrigiert werden muß.
Das ist die **Konsequenz meiner energetischen Relativitätstheorie und meines neuen Gravitationsgesetzes bzw. meiner korrigierten Formel des Newtonschen Gravitationsgesetzes** (vergl. mein Buch „ **Sind die Relativitätstheorien von Einstein richtig?, meine energetische Relativitätstheorie"**).

In der Astronomie gibt es mehrere Methoden der Entfernungsbestimmung der Himmelsobjekte und somit auch der Abschätzung der Größe des Universums (vergl. Kapitel 16 und 17) . **Die Entfernungsmessung aufgrund**

der Rotverschiebung scheint mir die beste Methode zu sein, insbesondere bei sehr weiten Objekten

Die entferntesten Himmelsobjekte, die wir kennen, sind die Quasare, deren Entfernung zu uns nach dieser Methode berechnet, ca. 12-15 Milliarden Lichtjahre beträgt. Dies bedeutet, daß das Licht dieser Quasare ca. 12-15 Milliarden Jahre braucht, um uns zu erreichen . **Dies bedeutet wiederum, daß deren Licht, das hier eintrifft, diese Objekte vor ca. 12-15 Milliarden Jahren verlassen hat und eben genau 12-15 Milliarden Jahre unterwegs war.**

Diese Methode beruhte bisher bekanntlich hauptsächlich darauf, daß aufgrund der beobachteten Rotverschiebung der Sterne die Fluchtgeschwindigkeit und durch die sogenannte Hubble-Konstante, die schon öfters korrigiert worden ist, die Entfernung berechnet wurde.

Durch meine energetische Relativitätstheorie konnte ich zeigen, daß die Rotverschiebung nicht nur mit der Geschwindigkeit (Fluchtgeschwindigkeit) sondern überhaupt mit der Energie zusammenhängt, Aus meiner Gravitationsformel geht ferner hervor, daß große Energiemengen **zusätzliche Gravitationen** erzeugen und somit **ebenfalls zur Rotverschiebung der Sterne beitragen .**

Die Fluchtgeschwindigkeit stellt somit beim Zustandekommen der Rotverschiebung **nur _einen_ Faktor** dar.

Das Ausmaß der Rotverschiebung hängt also keineswegs nur von der Entfernungsgeschwindigkeit ab, sondern auch vom <u>Energiezustand</u>.

Deswegen sind die bisher angenommenen Entfernungen der Sterne nicht richtig und müßten dringend korrigiert werden . Die meisten :Sterne sind also nicht so weit entfernt von uns, wie bisher angenommen .

Voraussetzung für die richtige Bewertung der Rotverschiebung wäre also die genaue Kenntnis über den <u>Energiezustand</u> des jeweiligen Sterns. Die genauen Energiezustände der Sterne bzw. im Bereich der Sterne sind aber weitgehend unbekannt.

Deswegen können wir z. Zeit die Entfernungen nur sehr ungenau berechnen . Erst weitere Entdeckungen könnten uns zeigen , wie wir diese Hindernisse überwinden und unsere Entfernungszahlen der weiten Sterne korrigieren können.

Eins können wir jedoch jetzt schon feststellen:
Die **Hubble-Konstante**, die Stütze unserer bisherigen Berechnung der Entfernung der weiten Sterne **muß dringend und erheblich korrigiert** werden und das Universum ist wesentlich kleiner, als wir uns bisher vorgestellt haben.

Es muß also angenommen werden, daß unser Universum gar nicht so groß ist, wie wir bisher angenommen haben. Die gesamten berechneten

Entfernungen der Sterne müßten also revidiert und neu berechnet werden.

Von dem Ausmaß der Rotverschiebung bzw. von dem Entfernungsfaktor müßte schätzungsweise ca. 40% abgezogen werden .

Dies bedeutet, daß unser Universum schätzungsweise ca. 40% kleiner sein muß, als bisher angenommen worden ist.

Hinzu kommt , daß viele Sterne , die wir am Himmel sehen , nicht reell , sondern virtuell sind und somit ihre vermeintliche Position nicht zutreffend ist (vergl. mein Buch „Revolution der Astronomie und Physik").

Das Universum muß also kleiner sein, als wir bisher angenommen haben.

Die angenommenen Entfernungen der Sterne und der Galaxien müßten ebenfalls korrigiert werden .

Im übrigen sind die Angabe der Entfernung in Lichtjahren in der Astronomie irreführend, da das Licht weiter Sterne und Galaxien unterwegs zwangsläufig an vielen anderen Sternen und Galaxien vorbeiläuft und die Gravitation dieser Sterne und Galaxien das quasi vorbeilaufende bzw. durchlaufende Licht ablenken und so den Weg verlängern können . Dies bedingt, daß die einzelnen Lichtjahre nicht gleich zu sein brauchen.

Wegen der ausführlichen Darstellung meiner energetische Relativitätstheorie und somit zum besseren Verstehen der Einzelheiten wird nochmals verwiesen
auf mein Buch „ Sind die Relativitätstheorien von Einstein richtig ? , meine energetische Relativitätstheorie „.

Kapitel 19

Einseitige Betrachtung

des Universums

und der physikalischen Vorgänge

Es dürfte selbstverständlich sein und brauchte an sich nicht einmal erwähnt zu werden, daß **unabdingbare Voraussetzung für das richtige Verstehen und Darstellen einer Sache, die vollständige , d.h. die volle Betrachtung der Sache ist** .
Dieses einfache und selbstverständliche Prinzip ist leider in der Astronomie außer Acht geblieben und zum Aufstellen eines nicht richtigen Modells des Universums geführt . Die Rede ist hier natürlich von der **Urknalltheorie** des Universums , die buchstäblich zum Himmel schreit und wie ich im Kapitel 3 dieses Buches zeigen konnte , nicht richtig ist .

Nachfolgende Beispiele helfen uns besser klar zu machen , weshalb nur die **vollständige Betrachtung** der Sachen für das richtige Verstehen der ,richtigen Sachverhalte so wichtig ist und weshalb eine **einseitige Betrachtung** zu falschen Schlußfolgerungen führt:

Beispiel 1: Wenn wir uns z.B. **nur eine Phase** oder **einen Teil** der Erdrotation betrachten (nur Tag oder nur Nacht) , oder nur eine Phase der Erdumkreisung um die Sonne (Frühling oder Sommer) oder auch nur einen Teil der Schöpfung (z.B. nur die Expansion des Universums) , so könnten wir keineswegs verstehen, worum es geht.

Beispiel 2: Wenn wir eine **Kugel** in 2 Hälften aufschneiden, so haben wir bekanntlich 2 Halbkugel. Wenn wir uns **eine Halbkugel** anschauen und nicht wissen, wie sie früher ausgesehen hat, so , würden wir feststellen, daß sie eine kugelige und eine flache Seite (die Schnittfläche) hat und würden nicht ohne weiteres darauf kommen, daß sie früher auch eine andere Hälfte hatte , d.h. daß sie die Hälfte einer Kugel war und somit nur kugelige , aber keine flache Fläche hatte. Somit würde die alleinige Betachtung und Untersuchung der Halbkugel zu falschen Vorstellungen und zu falschen Schlußfolgerungen führen.

Beispiel 3 : Wenn wir ein **Quadrat** (durch einen parallelen Schnitt zu einer der Seiten) in 2 Teile aufschneiden würden, so hätten wir 2 **Rechtecke**. Die alleinige Betrachtung und Untersuchung dieser Rechtecke würde zu falscher Vorstellung und zu falschen Schlußfolgerungen führen . Nur die Betrachtung bzw. Vorstellung bieder Teile zusammen , also die Betrachtung des **gesamten** Systems würde zum Quadrat und somit zu dem richtigen Sachverhalt führen.

Genauso ist es mit dem Universum. Wenn wir das Wesen des Universums richtig erfassen und besser verstehen wollen, müssen wir deswegen ebenfalls **beide Phasen** (Expansion und Kontraktion) betrachten .

Wir müssen ferner nicht nur die **Gegenwart** betrachten, sondern immer auch die **Vergangenheit** und die **Zukunft** in unserer Überlegung mit einbeziehen, wenn wir die Vorgänge im Universum richtig auffassen wollen.

Bei den Bemühungen, das Rätsel des Universums zu lösen und zu begreifen , ist genau derselben oben geschilderter Fehler gemacht worden , indem einseitig nur ein Abschnitt von dem Universum betrachtet worden ist , oder nur ein Zeitabschnitt .

Es handelt sich hierbei um einen historischen Fehler, der in der Geschichte der Astronomie wie ein Faden durchgezogen ist .

Es gibt bei der Lösung der Frage der Entstehung des Universums einige gesicherte **Fakten** , die bei der Aufstellung einer diesbezüglichen Theorie unbedingt berücksichtigt werden müssen . Der wichtigste gesicherte Fakt ist , die Tatsache, daß das Universum sich z. Zeit **mit einer beschleunigten Geschwindigkeit ausdehnt** . Dies hat der bekannte Astronom Hubble entdeckt und daran kommt keiner vorbei, da dies insbesondere durch die beobachtete Rotverschiebung der Sterne fest nachgewiesen worden ist.

Dies bedeutet gleichzeitig, daß **erstens das Universum logischerweise irgendwann am Anfang mit der Geschwindigkeit 0 angefangen haben muß** , und **zweitens irgendwann die Beschleunigung ein Ende haben muß** , entweder wenn die **Lichtgeschwindigkeit** oder wenn zumindest ein **Maximum** erreicht worden ist .

Hier fängt aber der Fehler an .Bis hier handelte sich nur um die eine Phase des Universums . Die zweite Phase hat man überhaupt nicht in Betracht gezogen .

Wenn man die Natur und das Universum betrachtet, so fällt einem sofort auf, daß so gut wie **alle Erscheinungen im Universum zyklisch sind und immer wieder zurück kommen .**

Zum Beispiel die Erde rotiert um die eigene Achse und umkreist die Sonne. Dadurch wird es immer wieder Tag und Nacht bzw. Sommer und Winter .
Auch die Sonne führt Rotationen um die eigenen Achse durch und umkreist zusammen mit Milliarden anderer Sterne das Zentrum unserer Galaxie , wobei es sich auch hier um ständige Wiederholungen handelt.

Geradlinige Bewegungen sind im Universum Ausnahmen und führen früher oder später zur Zerstörung durch Kollision mit anderen Himmelskörpern durch die Gravitationskraft .

Auch auf unserer Erde wiederholt sich alles in der Natur immer wieder . Z.B. das Wasser der Ozeane verdunstet ,der Dampf steigt zum Himmel auf , kondensiert sich zu Regen oder Schnee , der wieder herunter kommt und als Wasser wieder in die Ozeane fließt.   Der Kreis schließt sich so wieder .Es entstehen   immer wieder neue Lebewesen

(Pflanzen , Tiere , Menschen), die irgendwann wieder sterben und durch neue ersetzt werden . So gut wie alles ist somit **zyklisch** .

Betrachten wir als nächstes eine Sinuswelle :

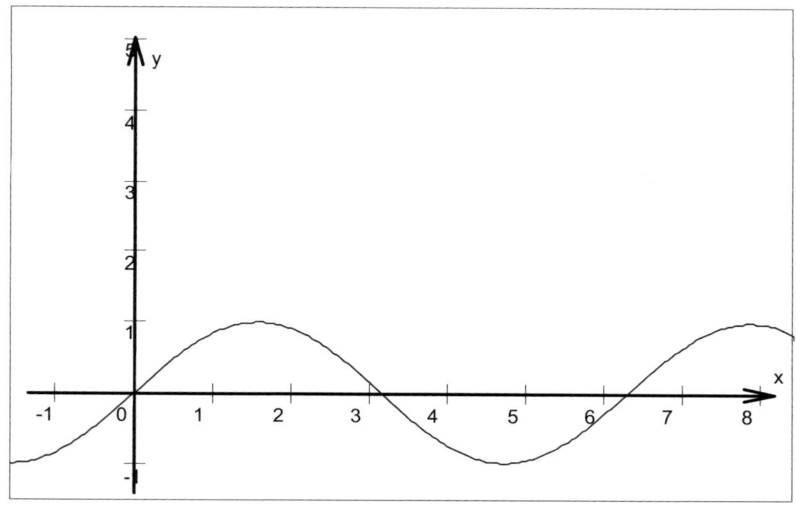

Wenn wir nur die eine Phase dieser Welle betrachten würden, so würden wir niemals das eigentliche Wesen dieser Welle verstehen können.   Nur die Betrachtung beider Phasen dieser Welle, d.h. die positive und die negative Phase der Welle würde zum richtigen Verstehen des Sachverhaltes führen .

Auch bei der Frage des Ursprungs der Materie hat man den Fehler gemacht ,anzunehmen, daß die gesamte Materie schon immer existiert haben muß und deswegen hat man einen Urknall künstlich herbei gedacht.

Genau denselben Fahler würde man machen, wenn man einen **Regentropfen** betrachtet und aufgrund seines jetzigen Zustandes davon ausgeht , daß er immer so existiert haben muß. Wenn der Zustand des Regentropfens hunderte und tausende Jahre dauern würde , wäre es nicht so einfach den richtigen und vollständigen Sachverhalt zu durchschauen und würde man auch hier evt. davon ausgehen, daß der Regentropfen immer so bestanden hat und nicht so einfach darauf kommen , daß er aus Wasserdampf entstanden ist .

Also zusammengefaßt **nur die vollständige , d.h. die volle Betrachtung der Sache führt zum richtigen Verstehen einer Sache .**

Genau dies ist wie oben dargestellt , in der Astronomie mißachtet worden , hat zum Aufstellen eines nicht richtigen Modells des Universums geführt (die Urknalltheorie), und hat somit verhindert, daß das wahre Wesen des Universum richtig aufgefaßt werden kann .

Dies hat die Astronomie viele Jahre zurück geworfen und zu völlig falschen Schlußfolgerungen geführt .

Kapitel 20

Das Erscheinungsbild des Universums

Meine Theorie des reell-virtuellen Erscheinungsbildes des Universums

In den vergangenen Kapiteln ist öfters die Rede gewesen von Irrtümern über das Wesen des Universums, über seine Entstehung und über den Raum.

Deswegen möchte ich zum Schluß dieses Buches **meine nachfolgende Theorie des reell-virtuellen Erscheinungsbildes des Universums** kurz vorstellen , damit Sie einen Eindruck davon bekommen, wie eine Korrektur unseres Bildes vom Universum aussieht . Im Rahmen diese Buches ist aber leider nur ein kurze Darstellung dieser Theorie möglich. Deswegen wird wegen einer ausführlichen Darstellung dieser Theorie verwiesen auf **mein Buch „ Revolution der Astronomie und Physik"**

Die meisten bisher existierenden Weltmodelle der letzten Jahrzehnte gehen davon aus, daß der Raum gekrümmt ist . Sie sind meistens äußerst kompliziert , teilweise sogar **chaotisch** und kaum vorstellbar , wie die betreffenden Entwerfer selbst zugeben. So sind z.B. sattelförmige Modelle entworfen worden . Sie sind außerdem so bizarr und künstlich, daß sie einer gründlichen Überlegung nicht statt halten und im Grunde mit der Natur überhaupt nicht vereinbar sind und deswegen völlig unwahrscheinlich erscheinen.

Meine nachfolgend beschriebene Theorie und mein nachfolgend beschriebenes Modell sind sehr logisch aufgebaut und dürften deswegen auch für die meisten von uns durchaus plastisch vorstellbar sein .

Meine Theorie des reell-virtuellen Erscheinungsbilde des Universums:

Eine Sache möchte ich hier vorweg klarstellen : **Es gibt keine Raumkrümmung , d.h. der Raum kann nicht krumm sein** . Ich habe **in meinem Buch „Sind die Relativitätstheorien von Einstein richtig ?, meine energetische Relativitätstheorie"** ausführlich auf diese interessante Thematik eingegangen und ausführlich dafür Beweis geführt, weshalb der Raum nicht krumm sein kann und habe ebenfalls bewiesen, daß die allgemeine Relativitätstheorie von Einstein nicht richtig ist . Da die Thematik sehr umfangreich ist und den Rahmen dieses

Buches sprengen würde, möchte ich deswegen hiermit darauf verweisen .

Es ist bekannt, daß das Licht und auch die anderen elektromagnetischen Wellen durch die Gravitation abgelenkt werden, d.h. ihre Bahnen werden gekrümmt (s. Abb.1) :

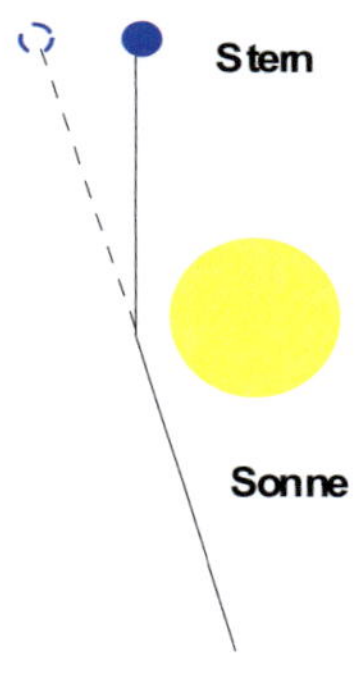

Abb. 1

Der Grund liegt aber nicht darin, daß etwa der Raum krumm wäre, wie von Einstein behauptet und von vielen einfach übernommen . Der Grund liegt vielmehr darin, daß bei dem Licht und auch bei den übrigen elektromagnetischen Wellen es sich um Energiewellen

handelt , und daß die Energiewellen genauso wie die Masse durch die Gravitation angezogen und somit abgelenkt werden , etwa vergleichbar mit der Ablenkung bzw. Brechung der Lichtstrahlen durch Linsen (wohl mit dem Unterschied, daß die Ablenkung durch die Linse durch die Dichteunterschiede entseht und nicht durch die Gravitation) .

Warum das so ist , habe ich im Rahmen der **Kapitel 10 „ Ist das Newtonsche Gravitationsgesetz richtig ? „** und **ferner in meinem Buch „„Sind die Relativitätstheorien von Einstein richtig ?, meine energetische Relativitätstheorie"** ausführlich erklärt ,dafür ebenfalls Beweis geführt und dabei auch **meine neue Gravitationsformel** vorgestellt , weswegen hiermit darauf verwiesen wird.

Durch die Ablenkung der Lichtstrahlen und der anderen elektromagnetischen Wellen durch die Gravitation muß das Universum zumindest von vielen Stellen gesehen **virtuell** erscheinen , d.h. wenn wir uns den Himmel betrachten, befinden sich viele Sterne , die wir sehen, in Wirklichkeit gar nicht dort, wo wir sie sehen, sondern sie sind versetzt . Ihre Lagen sind also **nicht reell** , **sondern virtuell**.

Wir wollen nun Schritt für Schritt vorgehen und versuchen uns vorzustellen , wie unser Universum wirklich aussieht.

Wir müssen zunächst unterscheiden zwischen:

1. Virtuelles Erscheinen des Universums durch den Weltraum .

2. Virtuelles Erscheinen des Universums durch die Besonderheiten des Beobachtungsorts .

3. Virtuelles Erscheinen durch die Besonderheiten des Ortes, der beobachtet wird.

1. Virtuelles Erscheinen des Universums durch den Weltraum :

Es ist sehr wichtig sich zunächst klarzumachen , daß logischerweise **eine Ablenkung der Strahlen nur dort vorhanden sein kann, wo keine Symmetrie bzw. Gleichgewicht der Kräfte existiert** , d.h. wo die **Gravitationskräfte nicht symmetrisch** von **2 Seiten wirken und sich so voll kompensieren** .

Bei einem Kreis teilen bekanntlich alle **Durchmesser** des Kreises den Kreis in jeweils 2 gleiche Teile , d.h. alle Durchmesser teilen den Kreis in 2 **gleich große Hälften** bzw. **2 gleich große Flächen**. Es entstehen also immer 2 **Symmetrie-Ebenen** bzw. 2 völlig gleichwertige Flächen.

Anders ist mit allen andern Linien , die **nicht** durch das Zentrum des Kreises gehen. Sie teilen **niemals** den Kreis in 2 gleiche große Hälften bzw. 2 gleich große Flächen (s. Abb. 3) . Deswegen können dadurch **niemals 2 Symmetrie-Ebenen entstehen (Asymmetrie).**

Es ist wichtig, daß Sie darüber nachdenken und sich das klarmachen.

Wenn irgendwelche Kräfte z.B. **Gravitationskräfte** in dem Kreis vorhanden wären, gleichmäßig verteilt auf die gesamte

Fläche des Kreises , so könnten   sie **nicht** zu einer Ablenkung bzw. Krümmung eines Lichtstrahles führen, der **entlang des Durchmessers** des Kreises läuft , da jeweils die Kräfte von rechts und links sich kompensieren würden, da sie gleich groß also **symmetrisch** wären,   sondern würden nur zu einer Krümmung der Lichtstrahlen führen, die **entlang aller übrigen Linien** laufen , da die Kräfte von 2 Seiten nicht gleich wären (**Asymmetrie**) .

Ähnlich ist es bei einer Kugel . **Jeder Durchmesser** teilt die Kugel innerhalb jeder gedachten Ebene **in 2 gleiche Teile bzw. Ebenen** . Es handelt sich auch hier um **Symmetrie-Ebenen   bzw. völlig gleichwertige Flächen** .

Gleichmäßig verteilte **Gravitationskräfte** innerhalb der Kugel könnten auch hier **nicht** zu einer Ablenkung bzw. Krümmung eines Lichtstrahles führen, der **entlang eines Durchmessers** der Kugel läuft , da jeweils die Kräfte von rechts und links bzw. hinten und vorne sich kompensieren würden, da sie gleich groß wären, sondern sie würden nur zu einer Krümmung der Lichtstrahlen führen, die **entlang aller übrigen Linien** laufen , da die Kräfte von 2 Seiten nicht gleich wären.

Es ist wichtig sich das klarzumachen: **Alle Lichtstrahlen und sonstige elektromagnetischen Wellen entlang aller Durchmesser der Kugel** verlaufen und bleiben stets <u>**geradlinig**</u> , weil sie , ähnlich wie bei einem Kreis, symmetrisch sind und von allen Seiten unter der Einwirkung der gleich starken Gravitationskräfte stehen , d.h. sie werden nicht abgelenkt bzw. gekrümmt, **während die Lichtstrahlen und sonstige elektromagnetische Wellen, die entlang aller anderen Linien verlaufen , mehr oder weniger abgelenkt bzw. gekrümmt werden**

Wenn wir also **entlang eines Durchmessers bzw. Radius des Universum** die Ferne betrachten, so sind die gesehenen Bilder **völlig reell** , da die **Lichtstrahlen** völlig **geradlinig** verlaufen, während die Beobachtung des Universums **entlang aller anderen Linien virtuelle Bilder** liefert, d.h. die Bilder (Sterne , Galaxien) erscheinen zumindest verschoben , da die **Lichtstrahlen abgelenkt** bzw. gekrümmt werden .

Also nur die Betrachtung des Universums entlang der Durchmesser liefert ein absolut reelles und naturgetreues Bild (d.h. das wirkliche Bild des Universums) **, während die Betrachtung entlang aller anderen Linien , also in allen anderen Richtungen zu virtuellen Bildern führt,** da die Bilder zumindest versetzt bzw. verschoben sind (d.h. z.B. daß die Sterne sich tatsächlich nicht an den Stellen befinden, wo sie gesehen werden) .

Es gibt einen einzigen Ort im Universum , von wo das gesamte Universum in allen

Richtungen völlig naturgetreu und reell gesehen werden kann . Wenn Sie dieses Modell gut verstanden haben , werden Sie jetzt wissen, wo das ist, nämlich das **Zentrum** des Universums .

Abb. 4 zeigt , wie so ein Universum bei der Betrachtung vom **Zentrum** aussieht. **Von dort sieht es also in allen Richtungen ganz normal und naturgetreu bzw. reell aus:**

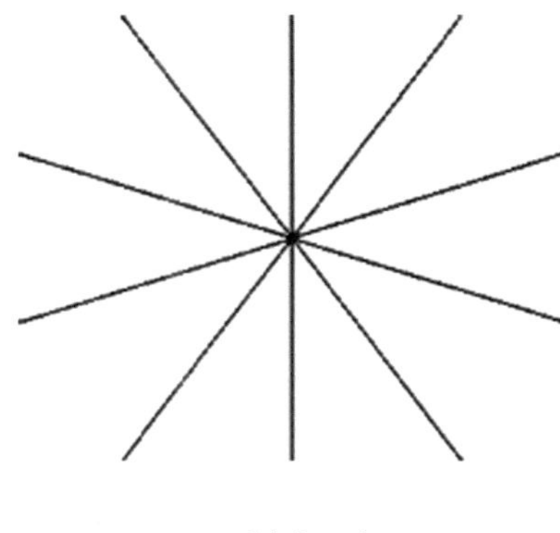

Abb. 4

Abb. 5 zeigt , wie das Universum **von allen anderen Orten** des Universums aussieht , z.B. von unserer Erde (kl. Kugel in der Bildmitte) aus :

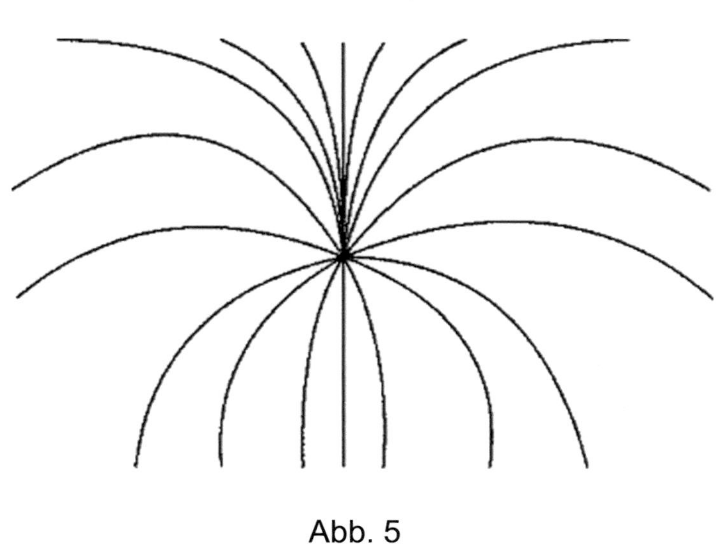

Abb. 5

Sie sehen, daß es ganz anders aussieht (hat im übrigen gewisse Ähnlichkeiten zum Linienfeld eines Magneten) . **(Bei den dargestellten Linien handelt es sich im übrigen um abgelenkte Lichtstrahlen bzw. elektromagnetische Wellen).**

Die **senkrechte Linie** (die auf der Abb. 5 von oben nach unten verläuft) ist die Linie, die zum Zentrum des Universums läuft, ist also **ein Durchmesser bzw. Radius des Universums , und läuft deswegen völlig geradlinig** (Diese Linie führt nach unten zum Zentrum und nach oben zum Rand des Universums).

Wir müssen uns klar machen, daß **von jedem Punkt des Universums nur eine einzige Linie zum Zentrum des Universums führen kann, d.h. es gibt jeweils nur einen Durchmesser des Universums, der durch diesen Punkt führt .**

Alle andere Linien , die durch diesen Punkt führen, führen nicht zum Zentrum des Universums und deswegen werden alle Lichtstrahlen und sonstige elektromagnetische Wellen, die entlang deren verlaufen aus den oben dargestellten Gründen abgelenkt bzw. gekrümmt .

Alle Linien im oberen rechten Bereich des Bildes sind **linkskonvex**, da die **Gesamtgravitation dort rechts stärker ist als links .** Deswegen erscheinen alle dort vorhanden Objekte **nach links** (zum Durchmesser hin) **verschoben** (vergl. zum Klarmachen Abb.1 , Ablenkung der Strahlen des Sterns , achten Sie bitte auf die dadurch resultierte linkskonvexe Kurve und ferner darauf , in welcher Richtung der Stern verschon erscheint) .

Alle Linien im oberen linken Bereich des Bildes sind **rechtskonvex**, da die **Gesamtgravitation dort links stärker ist als rechts .** Deswegen erscheinen alle dort vorhanden Objekte **nach rechts** (zum Durchmesser hin) **verschoben .**

Alle Linien im unteren rechten Bereich des Bildes sind **rechtskonvex**, da die **Gesamtgravitation dort links stärker ist als rechts.** Deswegen erscheinen alle dort vorhanden Objekte **nach rechts** (weiter weg vom Durchmesser) **verschoben .**

Alle Linien im unteren linken Bereich des Bildes sind **linkskonvex**, da die **Gesamtgravitation dort rechts stärker ist als links** . Deswegen erscheinen alle dort vorhanden Objekte **nach links** (weiter weg vom Durchmesser) **verschoben.**

Ab. 6   verdeutlicht das nochmals , und **zeigt jeweils in welcher Richtung die Sterne am Himmel verschoben sind** (die Kugel in der Mitte ist der Beobachtungsort bzw. die Erde , die senkrechte Linie ist ein Durchmesser bzw. ein Radius des Universums und führt nach unten ins Zentrum des Universums) :

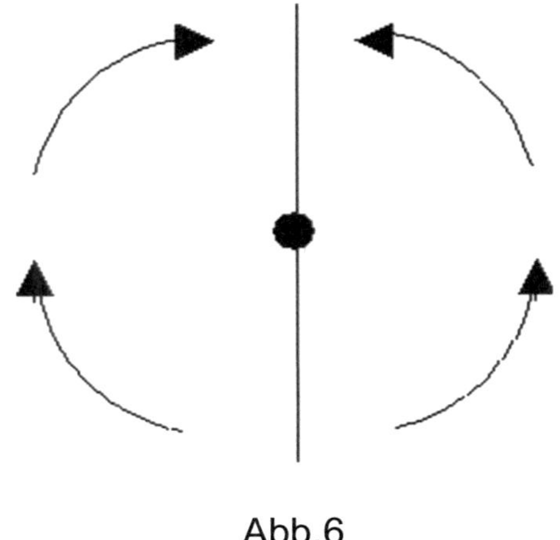

Abb.6

Es gibt also für jeden Punkt bzw. jeden Ort des Universums (natürlich mit Ausnahme des Zentrums) nur <u>eine</u> Linie , die, wenn entlang ihr beobachtet wird, reelle Bilder liefert, während alle andere Linien keine reellen , sondern **virtuelle** Bilder liefern können ,da alle **Lichtstrahlen und sonstige elektromagnetische Strahlen, die entlang deren verlaufen , je nachdem ob sie sich in der Nähe dieses Radius befinden oder weiter davon entfernt , weniger oder mehr abgelenkt bzw. gekrümmt werden.**

Es können so sogar **Doppelbilder** der Sterne und Galaxien am Himmel entstehen:

1. wenn der betreffende Stern oder die betreffende Galaxie einmal von der einen und einmal von der anderen Richtung gesehen wird (weil die Lichtstrahlen somit rund laufen können)

2. durch den sogenannten Fata-Morgana-Effekt durch Totalreflexion. Solche Bilder wären dann spiegelbildlich zum dem Original verdreht , evt. heller oder dunkler, mit verschiedenen Rotverschiebungen, hätten aber die gleiche Zusammensetzung und somit gleiche Grund-Spektrallinien der Elemente, wodurch sie identifiziert werden könnten.

Wir können uns dieses Erscheinungsbild des Universums evt. besser vorstellen, wenn wir uns an die Brechung des Lichtes erinnern und uns ein **kugelförmiges , voll mit Wasser gefülltes, Aquarium vorstellen mit einem Fisch**, der einmal seine Umwelt vom Zentrum des Aquariums betrachtet und ein anderes Mal von einem anderen Punkt außerhalb des Zentrums .

Ich bin mir dessen bewußt, daß zum vollständigen Verstehen dieser Theorie die Lektüre der Vollversion dieser Theorie erforderlich ist . Wie oben aber bereits erwähnt, ist dies im Rahmen dieses Buches leider nicht möglich, da sonst der Rahmen dieses Buches gesprengt würde. Deswegen wird hiermit nochmals verwiesen auf **mein Buch „ Revolution der Astronomie und Physik"**, wo diese Theorie sehr ausführlich dargestellt und mit vielen Abbildungen zum besseren Verständnis versehen ist.

Mir kam hier nur darauf an, daß Sie einen Eindruck von dieser Theorie bekommen.